AF453130

CONTRIBUTION

À

l'Étude Géologique

de la

Dobrogea (Roumanie)

TERRAINS SECONDAIRES

PAR

Victor ANASTASIU

PROFESSEUR AU LYCÉE LAZAR (BUCAREST)

PARIS

Georges CARRÉ ET C. NAUD, Éditeurs

3, RUE RACINE, 3

1898

CONTRIBUTION

A

l'Étude Géologique
de la
Dobrogea (Roumanie)

TERRAINS SECONDAIRES

PAR

Victor ANASTASIU

PROFESSEUR AU LYCÉE LAZAR (BUCARÈST)

PARIS

GEORGES CARRÉ ET C. NAUD, ÉDITEURS

3, RUE RACINE, 3

1898

DOBROGEA (ROUMANIE)

(Terrains secondaires.)

INTRODUCTION

L'étude géologique du Sol Dobrogien a été dans ces dernières années l'objet d'importantes explorations de la part de nombreux géologues allemands, notamment de MM. Fr. Toula, C. A. Redlich, J. Pompeckj, Kittl, appelés spécialement par le gouvernement roumain, en vue des importantes recherches minières qu'il a entreprises dans la Dobrogea ainsi que dans toute la Roumanie.

En 1894, sur les conseils de M. Munier-Chalmas, professeur de géologie à la Sorbonne, j'ai entrepris l'étude des terrains secondaires de la Dobrogea, sur lesquels, à part l'importante monographie géographique et géologique de Peters (1867), on n'avait jusqu'alors que des indications plus ou moins vagues et certainement très douteuses.

Depuis lors j'ai passé plusieurs mois chaque été

dans la région et c'est le résultat de mes recherches que je vais exposer ici.

J'ai étudié les matériaux rapportés de mes voyages sous la savante direction de M. Munier-Chalmas, que je ne saurais trop remercier ici; qu'il veuille bien accepter l'expression de ma profonde gratitude pour les conseils si éclairés et pour le puissant appui qu'il m'a toujours donnés.

Je suis reconnaissant à M. J. Bergeron, directeur-adjoint du Laboratoire des Recherches géologiques de la Sorbonne, des conseils qu'il a bien voulu me donner.

Je suis heureux de pouvoir remercier M. E. Haug, maître de conférences à la Sorbonne, pour l'intérêt amical qu'il n'a cessé de me porter et surtout pour les nombreuses indications d'ordre stratigraphique et paléontologique, que sa compétence rend si précieuses.

Je remercie également M. Douvillé, professeur à l'école des Mines, qui m'a donné des renseignements paléontologiques sur les rudistes et a mis à ma disposition la riche collection de l'école des Mines.

Je n'oublierai pas non plus M. Dereims, chef des travaux pratiques, M. Léon Bertrand, chargé de conférences de pétrographie et M. Cambronne, préparateur, que je remercie aussi sincèrement du concours gracieux qu'ils m'ont prêté pendant mon séjour dans le Laboratoire des Recherches géologiques de la Sorbonne.

Je saisis l'occasion de témoigner ma gratitude à M. Gr. Stefănescu, professeur de géologie à l'Université de Bucarest (Roumanie), qui m'a signalé plusieurs gisements fossilifères.

Avant de passer à l'étude de cette région, j'adresse ici les plus vifs remerciements à MM. les Ministres de l'Instruction publique de Roumanie, M. Take Jonescu, M. G. Mârzescu, M. Spiru Haret, ainsi qu'à MM. St. Sihleanu et A. Vizanti, professeurs de l'Université roumaine, qui m'ont procuré les ressources matérielles nécessaires à ces longues et coûteuses explorations.

Ce travail est accompagné d'une carte géologique, dans laquelle j'ai indiqué les contours des affleurements archéens, paléozoïques et tertiaires, en utilisant les cartes dressées par K.-F. Peters et G. Stefänescu, mais en les modifiant là où mes observations l'ont permis et notamment pour le Tertiaire.

En ce qui concerne les terrains secondaires, je n'ai pas la prétention d'avoir tracé définitivement leurs limites, mais j'ai essayé de marquer le plus exactement possible l'étendue des affleurements et de corriger, autant que je l'ai pu, les imperfections résultant nécessairement des difficultés matérielles qui existaient à l'époque à laquelle Peters a exploré cette région.

I.

APERÇU GÉOGRAPHIQUE

Orographie.

La région que je me propose d'étudier dans ce travail comprend les districts de Tulcea et de Constanţa, connus plutôt sous le nom de Dobrogea. Ce pays occupe la partie orientale de la Roumanie et il est situé entre le Danube et la mer Noire ou, pour mieux dire, il est limité à l'ouest et au nord par le Danube, à l'est par la mer Noire et au sud par la Bulgarie, de laquelle il est séparé par une ligne conventionnelle, qui lui sert de frontière. Il est placé entre 43° 46′ et 45° 28′ de latitude nord et 25° 2′ et 27° 21′ de longitude est, comptée à partir du méridien de Paris.

Ce pays limité, assez naturellement par le Danube et la mer Noire, occupe une surface de 15,000 kilomètres carrés et se présente sous deux aspects bien différents :

1° Au nord et au nord-ouest s'étend une région éminemment accidentée, n'atteignant pas cependant une bien grande altitude : c'est une région de montagne, aux dômes arrondis, aux collines ondulées, couvertes de végétation forestière. Elle est formée de terrains anciens et triasiques.

2° Dans la partie moyenne et méridionale vient un vaste plateau quadrilatéral, plus ou moins élevé et dont le bord occidental est sillonné de nombreuses vallées d'érosion ou d'effondrement, remplies par les eaux de déversement qui forment des lacs. Il se termine généralement par des falaises puissantes bordant le Danube et s'abaisse insensiblement à l'est, vers la mer, dont les rivages sont généralement très bas, ce qui favorise d'ailleurs la formation de dunes.

Ce plateau se relève en outre du centre vers le nord-nord-ouest et vers le sud. Trois de ses bords forment donc comme une série de chaînons montagneux, dans lesquels les sommets se succèdent en chapelet.

Il résulte de la disposition que je viens de décrire une grande simplicité dans l'allure orographique de la partie méridionale de cette région, tandis que la partie septentrionale offre, au contraire, des accidents tectoniques assez importants lui donnant une physionomie toute particulière.

Distribution des chaînons.

Les différentes hauteurs du massif montagneux (1) peuvent être réunies en cinq groupes, en dehors des-

---

(1) L'expression est un peu forcée, car en réalité tous les accidents orographiques de ce pays se réduisent à des collines, qui ne dépassent jamais l'altitude de 5oo mètres.

quels il reste encore quelques collines isolées, au milieu du plateau.

1. *Chaînons de Màcin* (fig. 1, 1). — Ce groupe est situé dans la partie occidentale du district de Tulcea et

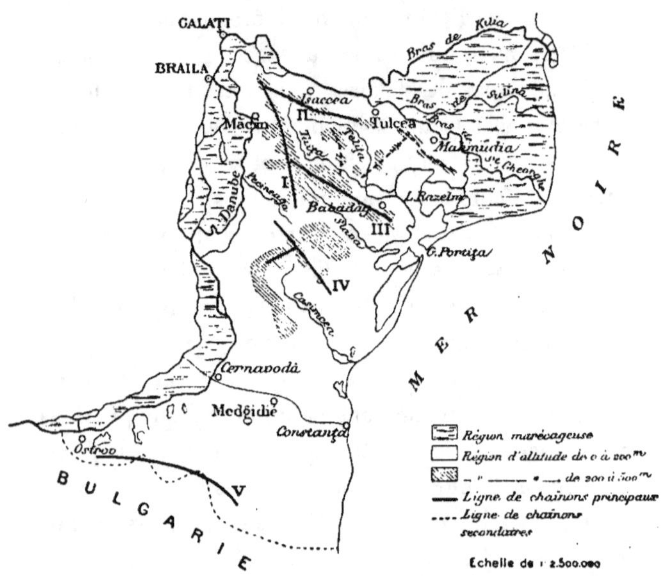

Fɪɢ. 1. — Esquisse orographique et hydrographique de la Dobrogea.

présente une altitude moyenne de 320 mètres (1). Il est constitué par des cimes dépourvues en grande partie de

---

(1) Dᴀɴᴇsᴄᴜ. *Dictionarul geografic* al judetului Tulcea. Bucuresci, 1896.

végétation, très rocheux et d'un pittoresque remarquable ; c'est par excellence la région des granites et des roches éruptives. La direction S.-N. des hauteurs suit le cours du Danube dans cette région. Ils constituent pour la ville de Măcin et ses environs une sorte d'écran, contre lequel viennent buter les vents froids de l'est. C'est dans ce massif que l'on trouve les plus grandes hauteurs de la Dobrogea : Greci (450 mètres), Igliţa, Jacob deal, Cerna, etc.

2. ***Chaînons de Babadag*** (fig. 1, ıı). — Ils sont situés dans la partie centrale et orientale du district de Tulcea, s'étendant sur une longueur de plus de 45 kilomètres ; ils atteignent la hauteur de 405 mètres et ont une direction O.N.O.-E.S.E.

Ces chaînons courent presque parallèlement aux rivières de la Taiţa et de la Slava et sont couverts par des forêts constituant le plus important massif forestier de la Dobrogea.

Ce massif, ainsi que le suivant, est en quelque sorte greffé sur le massif de Măcin. Les principales hauteurs sont Sacar-bair, Atmagea, Consul (329 mètres), Jidini (342 mètres), Ciucurova (335 mètres), Babadag (233 mètres), etc.; l'altitude diminue de l'ouest à l'est, et les chaînons disparaissent dans la région des lacs Razelm et Smeica.

3. ***Chaînons d'Isaccea*** (fig. 1, ııı). — Ils sont situés dans la partie tout à fait septentrionale du district de Tulcea, longeant parallèlement le Danube, de l'ouest à l'est. Ce massif est en grande partie couvert de forêts ou de prairies, qui laissent cependant une partie com-

plètement dénudée (1). Les principales hauteurs de ce chaînon sont : Nicolițel, Taița. Taușan-bair, Cilic (420 mètres), etc. C'est à ce massif qu'il convient de rattacher les chaînons secondaires de Tulcea, qui se prolongent jusqu'au delà de Morughiol, en donnant naissance aux hauteurs qui dominent le Danube à Tulcea, à Malcoci, à Beștepe, à Mahmudia, et dont les ramifications vers le sud viennent se relier aux dernières ramifications du massif de Babadag, en formant les hauteurs de Zibil, Congaz, Tașli-Kairac-bair, Caeraccele, Carabair, etc.

4. *Chaînons de Pecineaga* (fig. 1, iv). — Ces chaînons sont compris entre la vallée de Pecineaga au nord et le cours inférieur de la rivière de Tășăul au sud, et passent dans le district de Constanța. Leur direction est d'abord N.O.-S.E., puis S.O.-N.E., et sur cette chaîne viennent se greffer d'autres chaînons secondaires, parmi lesquels on peut citer ceux de Bașpunar, Topolog, Iman-Cișme, qui se perdent à l'est au voisinage de Peletlia, en passant par Sarighiol, Carapelit.

5. *Chaînons de Esenchioi, Dobromir, Hasar-lik, etc.* (fig. 1, v). — Ils ne sont pas autre chose que les dernières ramifications de chaînons qui viennent des Balkans. Ces chaînons s'abaissent à l'est vers Caraomer. La frontière suit plus ou moins régulièrement cette chaîne.

---

(1) La présence de parties rocheuses et dénudées existant dans tous les massifs empêchent l'établissement de toute culture ; l'absence de l'eau et la présence des plantes caractéristiques des steppes justifient pleinement l'ancienne dénomination de ce pays comme un pays de steppes. Ces conditions ont été modifiées en partie et la région a été conquise par l'homme.

En dehors de ces chaînons plus ou moins continus, il existe des monticules isolés, qui s'élèvent au milieu des plaines qui les séparent. et qui par leur hauteur et leur isolement sont très caractéristiques. On peut remarquer parmi les plus importants : le Denis-tepe (266 mètres), situé entre le massif de Babadag et les ramifications de celui d'Isaccea, l'Alah-bair (204 mètres), le Kirişlic, l'Ester (177 mètres), ces deux derniers pourvus de nombreuses grottes, et situés au sud du massif de Pecineaga.

Toute la région comprise entre les chaînons du groupe de Pecineaga et d'Esenchioi forme le Plateau Dobrogien, auquel l'énorme développement du Loess imprime un aspect uniforme, très remarquable, dont le caractère principal est la grande perméabilité du sol, véritable steppe où les eaux s'infiltrent sans pouvoir ruisseler, sans rivières, sans le moindre cours d'eau proprement dit. Les seuls pays pourvus d'eau sont les régions déjà signalées sur les bords du Danube et à l'extrémité orientale du chaînon de Babadag. Les sources sont rares et les puits sont creusés à de grandes profondeurs. Les eaux souterraines s'écoulent probablement par des sources de fond dans les lacs et dans le Danube.

Hydrographie.

Au point de vue hydrographique, la Dobrogea peut être partagée en deux bassins bien distincts : celui du Danube et celui de la mer Noire.

Bassin du Danube. — Ce bassin occupe la partie occidentale et septentrionale de la Dobrogea et il reçoit tous les cours d'eaux qui prennent naissance sur le versant occidental de la chaîne de Măcin et la partie septentrionale de la chaîne de Isaccea.

Le Danube baigne les bords de la Dobrogea sur une longueur de 410 kilomètres. Il coule d'abord de l'ouest à l'est, se dirige ensuite au nord-est jusqu'à Rassova, puis au nord jusqu'à Hîrșova, de nouveau au nord-est, puis au nord jusqu'à Măcin, d'où, sur une longueur de plus de 10 kilomètres, il coule à l'ouest, puis au nord, puis à l'est, jusqu'en face de Reni ; il se dirige de nouveau au sud et ensuite à l'est jusqu'au point où il commence à se diviser en trois bras : *a)* bras de Kilia, qui forme la frontière russe, 110 kilomètres de longueur : *b)* bras de Sulina, 82 kilomètres de longueur ; c'est le bras qui, depuis les importants travaux de canalisation exécutés par la Commission Danubienne, est accessible aux vaisseaux de grand tonnage ; *c)* bras de St-Gheorghe, d'une longueur de 106 kilomètres.

Entre ces deux bras extrêmes est compris le Delta du Danube, de forme triangulaire, formé par deux îles : Letea au nord, entre Kilia et Sulina, et St-Gheorghe, au sud, entre Sulina et St-Gheorghe. Toutes les deux forment de grandes étendues couvertes d'innombrables flaques d'eau, presque toujours en communication avec les bras du Danube.

C'est dans ce grand fleuve, qui joue le rôle de collecteur, que viennent se déverser les nombreux lacs et les quelques rivières de ce pays. Nous avons du sud au nord :

Le Lac de Garlitza, dans lequel se déverse le ruisseau de même nom, presque toujours à sec, sauf au moment des grandes pluies.

Les lacs Oltina, Vedereasa, Baciu, Cokirleni, où il se forme des amas de bois, de racines, d'herbes, mélangés de terre, qui constituent de véritables îles flottantes. Les matériaux légers qui les forment sont réunis et assemblés par les racines des herbes, des arbustes et des arbres qui poussent souvent à leur surface. Leur étendue permet parfois aux bergers de venir s'y établir avec leurs troupeaux. Ces îles flottantes sont toutes désignées sous le nom de Coșcoave, elles sont dans les lacs, poussées de côté et d'autre par le vent.

A Cernavoda viennent se déverser dans le Danube, par un petit canal, les eaux des étangs qui couvrent la grande dépression (vallée) de Cernavoda, qui commence au delà de Medgidie, pour finir au Danube.

Plus au nord c'est le Boasgic, dont le cours est fort peu important.

Le Raman, qui prend naissance dans le massif de Topolog et se déverse, non pas directement dans le Danube, mais dans le canal qui commence à Hirsova et finit au nord à Dăeni, porte le nom de Canalu Băroi.

La Pecineaga a son origine dans le massif de Câr-jelar, coule au sud, forme la limite entre les districts de Tulcea et de Constanța, et vient se déverser dans le Danube, au village du même nom.

La Cerna naît au milieu du massif de Măcin, coule au sud, et après avoir contourné le massif de Jacob deal, vient se jeter dans le Danube en face du village de Satunou.

L'Iglitza est la rivière qui descend du plus haut massif de la Dobrogea (massif de Greci); elle vient se déverser dans le lac de l'Iglița.

Au nord, nous avons de nouveau une série de lacs qui viennent faire un contraste frappant avec la région contre laquelle ils sont adossés (Monts de Măcin et d'Isaccea).

Bassin de la mer Noire. — La mer baigne la Dobrogea dans sa partie orientale sur une longueur de 234 kilomètres. Au sud du Delta et jusqu'au nord de Constanța, c'est-à-dire sur une distance de plus de 130 kilomètres, s'étend la région des grands lacs de la Dobrogea, qui forment une série presque continue, et dans lesquels viennent se déverser les eaux qui prennent leur source sur les pentes orientales et méridionales des massifs qui forment la Dobrogea septentrionale. En réalité, dans ce bassin, il n'y a pas une rivière qui déverse directement ses eaux dans la mer. Elles se perdent dans les lacs qui bordent la mer et qui sont ou non en communication avec elle.

Les principaux lacs sont du nord au sud : Le Razelm et sa dépendance le lac de Babadag ; les lacs de Golovitza, Smeica, Sinoe et Tulza, Gargalik, Tasavlu, Siutghiol, Tuzlaghiol et enfin, tout à fait au sud, près de la frontière, le lac de Mangalia.

Les principaux cours d'eau de ce bassin sont :

Le Dunavetz, rivière qui coule tout à fait au nord-est, c'est plutôt un bras du Danube qui relie le lac Razelm avec le bras St-Gheorghe.

La Telitza ou Cilic (40 kilomètres de longueur) prend

sa naissance au bas de la hauteur de Nicoliţel (Cilic), coule parallèlement au Danube jusqu'à Cataloi, d'où elle se dirige au sud, pour se déverser dans le lac Babadag, au point nommé Coada Bălţii, à côté de Zibil.

La TAITZA, la plus grande rivière de la Dobrogea (100 kilomètres de longueur), a son origine dans le massif de Taiţa (groupe de chaînons situé entre le massif de Isaccea et celui de Măcin). Elle a une direction à peu près parallèle au Danube et vient se déverser dans le lac de Babadag, tout près du point de déversement de la Teliţa. Son bassin a une surface de 150,000 hectares.

La SLAVA (70 kilomètres de longueur) prend naissance dans le massif de Ciucurova Sacar-bair), et vient se déverser dans le lac Goloviţa, après avoir baigné et fertilisé la vallée Slava Cerchezească et Slava Rusească : son bassin occupe une surface de plus de 80,000 hectares.

Le BEI-DAUT, rivière d'une longueur de 20 kilomètres, descend de la colline de Baş-punar et après avoir reçu plusieurs ruisseaux comme affluents, parmi lesquels je citerai le Potur et l'Hagi-avat, se déverse dans le lac Smeica, en face du village de Hamamgi.

La CASIMCEA (Tăşăul dere), est une des rivières les plus importantes ; elle est aussi longue que la Taiţa (80 kilomètres). Elle prend naissance à l'une des ramifications du massif de Cuicurova-Babadag (colline de Periclie) et coule d'abord au sud, jusqu'à la limite du district de Constanţa, où elle prend une direction sud-est

qu'elle ne quitte plus jusqu'au lieu de son déversement
dans le lac Tăşăul, près du village du même nom. Le
bassin de cette rivière a une étendue de plus de
600,000 hectares. Elle reçoit en outre de nombreux
affluents, parmi lesquels : l'Ester, le Sarighiol-dere, etc.

Le caractère dominant de ces cours d'eau, sauf pour
le Danube et ses canaux, est leur petitesse et leur peu
de profondeur ; pendant les grandes sécheresses c'est à
peine si l'on voit au fond de leur lit un mince filet
d'eau.

Dans la partie orientale et méridionale du Plateau
dobrogien il n'y a pas de rivières ; ce que l'on voit de
distance en distance, au fond des vallées, ce ne sont que
les canaux d'écoulement des lacs, généralement très
courts ou bien de petits cours d'eau provenant de
petites sources et qui disparaissent bientôt en raison
de la grande perméabilité du sol.

Climat. — « Le climat de la Dobrogea est malsain :
« outre les exhalations des eaux stagnantes dans les
« dunes, on a à lutter contre les chaleurs insupporta-
« bles pendant le milieu du jour, suivies de nuits
« extrêmement fraîches et humides » (1).

« L'insalubrité du pays, le manque d'eau et de voies
« de communication sont pour la Dobrogea des obs-
« tacles pour son développement » (2).

Malgré la réputation exagérée d'insalubrité faite

----

(1) Larousse. *Grand Dictionnaire universel*, art. Dobrogea.
(2) Michel (M.). Note géologique sur la Dobroudcha, etc., in *B. S.
G. F.*, 2ᵉ, t. XIII, 1856, p. 539.

par les voyageurs, le climat de la Dobrogea est suffisamment sain ; pourtant dans la région avoisinant le Danube, le Delta et les grands lacs, la fièvre paludéenne est endémique, mais elle n'est pas dangereuse. Ce fait d'ailleurs n'a rien de particulier, puisqu'on observe la même chose dans toutes les régions pourvues de grands fleuves à débordements périodiques, amenant ainsi la formation d'étangs provisoires, dont les émanations putrides sont la principale cause d'insalubrité.

La température de ce pays (qui est placé sur la même courbe isothermique que la région de Moscou) est très variable, les hivers sont peu rigoureux (1), le printemps et l'automne courts, de façon que la transition du froid au chaud est très brusque. Les émanations commencent au printemps, elles atteignent leur maximum au mois d'août, qui est par conséquent l'époque du plus grand développement du paludisme.

En résumé, je puis dire que la mauvaise réputation faite à ce pays est exagérée, car, à part les localités avoisinant les eaux stagnantes, le pays est encore suffisamment salubre.

---

(1) Ce qui d'ailleurs ne devait pas être le cas du temps d'Ovide, qui étant exilé à Tomis (Constanta), a supporté des hivers très rigoureux, chose d'ailleurs confirmée par des dates historiques ; en l'an 400 la mer Noire était gelée ; les Goths en 462 traversent le Danube sur la glace ; en 763, d'octobre jusqu'en février, une couche de glace épaisse de plus de 10 mètres couvre la mer Noire, jusqu'à une distance de 100 milles au large. En 1236, 1408, 1460, le Danube est pris en totalité (Voir in *Dictionarul geografic* al jud. Tulcea).

II.

LISTE BIBLIOGRAPHIQUE

Il existe un nombre considérable de publications se rapportant soit à la Dobrogea proprement dite, soit à la presqu'île Balkanique, dont ce pays fait partie ; mais ces travaux contiennent des considérations d'ordre différent, notamment d'ordre historique, géographique, économique, agricole ou stratégique. Quant aux publications qui ont un caractère géologique, elles sont bien rares ; je citerai cependant les publications de K. F. Peters. Cet auteur a fait dans cette province plusieurs voyages entre 1863 et 1865 et a donné, en 1867, une monographie qui est jusqu'à présent le travail le plus complet relatif à la Dobrogea.

En effet, il accompagne cette publication d'une description géographique, d'une carte géologique et d'une planche paléontologique, où il représente quelques formes nouvelles ou peu connues de la Dobrogea.

En outre, il existe quelques notes géologiques, pour la plupart très sommaires et dans lesquelles les auteurs ne se sont guère occupés que du littoral de la mer Noire ou des bords du Danube, négligeant complètement les régions intermédiaires.

Je donne ici la liste bibliographique des travaux géologiques concernant la région ; en faisant la description de chaque étage, je donnerai, lorsqu'il y aura lieu, les opinions des divers auteurs qui les ont étudiés avant moi.

1837. Boué (A.). — Note géologique sur le Banat et en particulier sur les bords du Danube. *B. S. G. F.*, 1re sér., t. VIII, p. 136.

1837. Verneuil (de). — Remarques sur la note précédente. *Id.*, p. 148.

1840. Boué (A.). — La Turquie d'Europe, 4 vol. Paris.

1842 et 1846. Viquesnel. — Journal d'un voyage dans la Turquie d'Europe. *Mém. de la Soc. Géol. de France,* 1re sér., t. V, 1re p., 2e sér., t. I.

1846. Koch. — Reise längs der Donau nach Constantinopol, Fahrt von Tschernavoda nach Küstendgé.

1851. Jonesco. — Excursion agricole dans la plaine de la Dobrodja. Constantinople.

1854. Boué (A.). — Recueil d'itinéraires dans la Turquie d'Europe. Vienne, 2 vol.

1856. Taitebout de Marigny. — Hydrographie de la mer Noire et de la mer d'Azov. Trieste.

1856. Michel (M.). — Note géologique sur la Dobroudscha, entre Rassova et Küstendjé. *B. S. G. F.*, 2e sér., t. XIII, p. 539.

1856. Spratt. — On the geology of Varna and Neighbouring parts of Bulgaria. *Quart. Journ. Geol. Soc.*, vol. XIII, n° 49.

1857. Spratt. — On the geology of the Northeastern parts of the Dobroutscha. *Quart. Journ. Geol. Soc.*, vol. XIV, n° 55, p. 203.

1857. Spratt. — Remarks on the Serpent Island. *Quart. Journ. of the R. Geogr. Soc. of London.*

1860. Spratt. — On the Freshwater deposites of Bessarabia, Moldavia, Wallachia and Bulgaria. *Quart. Journ. Geol. Soc.,* vol. XVI, n° 63, p. 281.

1862. Hartley (Sir Ch. Aug.). — Description of the Delta of the Danube and of the works recently executed at the Soulina Mouth. London. *Publ. of the Inst. of civil Engineers,* vol. XXI.

1862. Szabò (J.).— Egy continentális emelkedés es sulycdésröl Európa dél keleti részen. Dans les publications de l'*Acad. de Buda-Pest* (en hongrois).

1863. Peters (K. F.). — Geologie der Dobrutscha. *Verh. k. k. g. Reichs.,* p. 117.

1864. Peters (K. F.). — Vorläufiger Bericht über eine geologische Untersuchung der Dobrudscha. *Sitzungsb. der k. Akad. d. Wissens.,* t. LV, p. 228.

1865. Peters (K. F.). — Ueber die geographische Gliederung der unteren Donau. *Sitzungsb. der k. Akad. d. Wissens.,* t. LII, séance du 28 avril 1865.

1865. Peters (K. F.). — Reise-Briefe eines Oester. Naturforschers aus der Dobrudscha. *OEster. Revue,* Bd. 5, p. 67.

1867. Peters (K. F.). — Grundlinien zur Geographie und Geologie der Dobrudscha. *Denkschriften der Math. Natur. Wissen. Cl. d. kais. Akad. d. Wissensch.,* XXVII Bd.

1873. Mojsisovics (Ed. v.). — Ueber ein Vorkommen der AmmonitenGattung Sageceras in der Dobrudscha. *Verh. k. k. geol. Reichsanstalt,* 1873, p. 309.

1882. Danilescu (N. R.). — Extras dupe schițele Geografice și Geologice a le Dobrogei de K. F. Peters. *Revista sciintifica.* An XII, p. 307. Bucarest.

1876. Peters (K. F.). — Die Donau und ihr Gebiet. Eine geologische Skizze. Leipzig, p. 313-348. Das Daco-

Myssche und das Pontische Becken. Der Balkan.
Die Dobrudscha.

1882. STEFANESCU (SABBA). — Nuoi observatuni geologice in
Dobrogea. *Revista sciintifica*, sér. 2, t. II. An XII,
p. 361. Bucarest.

1890. STEFANESCU (GR.). — Curs de geologie. Bucuresci.

1893. TOULA (FR.). — Eine geologische Reise in der Dobrudscha. Wien.

1895. RICHARD (A.). — La Roumanie à vol d'oiseau. Hydro
logie, géologie, richesses minérales, etc. Bucarest.

1896. DANESCU (GR.). — Dictionarul geografic, statistic si
historic al Judeţului Tulcea. Bucuresci.

1896. MOJSISOVICS (ED. v.). — Ueber den chronologischen
Umfang des Dachsteinkalkes. *Sitzungsberichten der
k. Akad. d. Wissensch. Math.-Nat. Cl.*, Bd. LV,
Abth. I, Jän.

1896. REDLICH (K. A.) — Geologische Studien in Rumänien.
Verh. k. k. Geol. Reichsanst, 1896, p. 492.

1896. MRAZEC et PASCU. — Note sur la structure géologique
des environs du village d'Ortachioi. Extr. *Bull. Soc.
scien*. Bucuresci, n° 12.

1896. ANASTASIU (V.). — Note préliminaire sur la constitution
géologique de la Dobrogea. *B. S. G. F.* 3ᵉ sér.,
t. XXIV, p. 595.

1896. NAPOLEON ATHANASIE. — Dobrogea si Gurile Dunarei.
Bucuresci.

1897. SABBA STEFANESCU. — Étude sur les terrains tertiaires
de Roumanie. *Thèse de doctorat*, Paris.

1897. ANASTASIU (V.). — Le Trias de la Dobrogea. *B. S.
G. F.*, 3ᵉ sér., t. XXV, p. 890.

1898. ANASTASIU (V.). — Note sur le Crétacé de la Dobrogea.
*Comptes rendus sommaires des séances de la S. G.
F.*, n° 6, 21 mars.

Cartes géologiques.

1857. Dumont (A.). — Carte géologique de l'Europe.

1867. Peters (K.-F.). — Geologische Uebersiktskarte der nördlichen Dobrudscha. Wien, 1/420.000.

1890. Stefanescu (Gr.). — Harta geologică a României. 1/2.000.000.

1890. Draghiceanu (M.). — Carta geologică à Regatului Romăniei.

1890. Toula (Fr.). — Geologische Kartenskizze von Donau-Bulgarien und Ostrumelien, etc. 1/1.600.000.

III.

STRATIGRAPHIE

Répartition des Sédiments.

Le Plateau Dobrogien est recouvert par une nappe de loess; en certains points on voit percer les formations plus anciennes, qui se montrent également dans les coupes naturelles visibles sur les bords de la mer Noire et le long des rives du Danube et des rares rivières de la région.

Les sédiments qui prennent part à la constitution géologique de la Dobrogea appartiennent aux groupes archéen, primaire, secondaire et tertiaire.

Les plus anciennes formations sont représentées par des gneiss de différente nature, qui forment la région de Macin et les contrées avoisinantes, tandis que dans la région occupant le nord-nord-ouest de la Dobrogea, entre le Danube au nord et la vallée de Taiţa à l'est et jusqu'à la mer Noire en suivant la vallée de Picineaga et Casimcea au sud, on remarque, avec ces gneiss, un développement puissant de schistes noirs ou verts, traversés par de nombreuses roches éruptives (granites, diorites, porphyres; ces schistes ne renferment pas de fossiles, aussi leur position n'est-elle pas encore fixée.

Les gneiss constituent le groupe archéen, tandis que l'ensemble des schistes est considéré par M. Gr. Ste-

fănescu, « antérieurement par Peters » comme appartenant au groupe primaire.

M. Gr. Stefănescu rapporte au Silurien les schistes
verts qui forment une bande presque continue du Danube à la mer Noire, en suivant la vallée de Picineaga,
descendant au sud jusqu'à Baltăgesci, pour disparaître
aux bords de la mer Noire entre Caraharman et Cap
Midia, après avoir longé la vallée de la Casimcea.

Les schistes noirs sont visibles le long du cours
supérieur de la rivière de Taița, entre la montagne de
Greci au nord-ouest, Cocoș à l'est, et le village d'Atmagea au sud. Ces couches sont généralement traver-
sées de nombreuses roches éruptives : granite, porphyres, diabase. Enfin, à côté de la ville de Tulcea, on
peut observer sur la carte géologique de la Roumanie,
dressée par ce même auteur, un îlot de Permien.

Il est à remarquer que M. Gr. Stefănescu ne considère pas du tout cette division comme définitive, et qu'il
a pris soin de marquer ces terrains sur sa carte par un
signe spécial, destiné à faire ressortir ce doute.

Cette région et spécialement celle de Măcin et ses
environs font en ce moment-ci l'objet des importantes
recherches poursuivies par MM. Mrazec, le savant professeur de l'Université de Bucarest, Munteanu-Murgoci
et l'ingénieur Pascu.

Le résultat si attendu de ces recherches, qui sera
prochainement publié, jettera, je l'espère, un nouveau
jour sur la constitution si compliquée et si intéressante
de cette région.

Le groupe secondaire est constitué par des formations qui occupent la partie centrale et méridionale, ainsi que la partie orientale de la région septentrionale de la Dobrogea ; la constitution, la distribution et les caractères de ces formations font l'objet de cette étude. Quant aux sédiments appartenant au Tertiaire, ils sont représentés par les terrains Éocène, Miocène et Pleistocène.

Ce dernier surtout extrêmement développé est formé généralement par du Loess, présentant partout un faciès à peu près semblable.

Le Nummulitique est formé par des calcaires et il est peu développé dans ce pays ; il est situé près de la frontière bulgare, entre le village de Hazarlik et Enişemli, et je l'ai attribué à la partie supérieure de l'Éocène inférieur et à l'Éocène moyen (1).

Néanmoins je rappellerai que M. Sabba Stefănescu, qui a découvert l'affleurement même où j'ai recueilli mes fossiles, le considère comme appartenant à l'Éocène moyen (2).

Le Sarmatien couvre de grands espaces dans la Dobrogea centrale et méridionale. Les caractères et l'extension de cet étage ainsi que de celui qui précède, ont été si bien mis en lumière par M. Sabba Stefănescu dans son travail sur les terrains tertiaires de la Roumanie, dans lequel on trouve des données précises sur la Dobrogea, qu'il est inutile que j'y revienne. Toutefois,

---

(1) V. Anastasiu. Note préliminaire sur la Constitution géologique de la Dobrogea. *B. S. G. F.*, 3ᵉ sér., t. XXIV, p. 601.

(2) S. Stefanescu. Étude sur les terrains tertiaires de la Roumanie. *Thèse*, 1897.

pendant mes nombreuses courses, j'ai eu l'occasion de constater quelques affleurements sarmatiques qui permettent de reporter plus au nord la limite que leur a assignée M. S. Stefănescu sur la carte géologique qui accompagne son travail ; il a d'ailleurs reconnu lui-même que les limites données n'étaient qu'approximatives (1).

Je veux encore signaler le fait suivant : à Hazarlik, dans les matériaux du creusement d'un puits fait par le soin du Service des Mines de Roumanie, en vue de la recherche de combustibles, j'ai trouvé, l'été dernier, une faune qui, tout en ayant le faciès sarmatique, paraît un peu plus jeune. Un des caractères de cette faune est la grande abondance, entre autres, de *Cerithium disjunctum* ; elle se trouve dans des argiles et des marnes ; un tel faciès pétrographique n'a pas encore été signalé dans le Sarmatien de cette région. Le puits duquel on a retiré les roches que je viens de signaler est creusé dans le loess et je n'ai pas pu voir les rapports stratigraphiques des couches sarmatiques avec celles qui les environnent.

Terrains secondaires.

Les formations secondaires de la Dobrogea, plus ou moins développées, sont représentées par les divisions suivantes :

I. Système triasique,
II. Système jurassique.
III. Système crétacé.

---

(1) *Ibid.*, p. 175.

Je commencerai l'étude de chaque terrain représenté dans le pays, en donnant d'abord un court aperçu sur les caractères et la distribution du système correspondant dans la Roumanie proprement dite.

I.

SYSTÈME TRIASIQUE

Versant roumain des Carpathes. — L'existence de ce système est encore inconnue dans la Roumanie occidentale (1) ; pourtant Herbich dit : « Sur les côtes « sud-ouest de Piatra Craiului, dans le bassin supérieur « des sources de la Dîmboviţa, sur les schistes cristallins « on trouve un calcaire rouge foncé, en couches minces, « qui ressemble parfaitement au Calcaire Hallstätien du « mont Persàny près de Vargyas et à celui de Nagy- « Hagymàs dans les districts saxons et qui, comme « celui-là, contient des fragments de troncs de Cri- « noïdes » (2).

Cette interprétation ne peut plus subsister à la suite des recherches de M. Popovici-Hatzeg (3), qui a démontré par la faune trouvée dans la même région, à Valea Lupului, que ces couches doivent être attribuées

______

(1) *Anuarul biuroului géologic.* An III (1885), nº 1. Bucuresci. Relation sommaire de l'année 1885, p. 53.

(2) *Loco cit.*, p. 337.

(3) Popovici-Hatzeg. Nouvelles observations sur le Jurassique supérieur de Rucar (Roumanie). *B. S. G. F.*, 3e, t. XXVI, p. 122.

à la base de l'Oxfordien inférieur, à la limite même des couches calloviennes terminales à *Cardioceras Lamberti*. Ces mêmes couches viennent d'être considérées par M. Simionescu (1) comme franchement calloviennes.

On ne trouve de représentants de ce terrain que dans la partie septentrionale de la Moldavie. En effet dans la partie N.N.O. du district de Suceava, on peut observer dans les massifs du mont Rarĕu, de la Petre le Doamnei, et un peu plus au sud, une bande presque continue qui court du N.N.O. au S.S.E. vers la frontière bucovinienne, par les monts Tarniţele, Aluniş, jusqu'au Grabăn.

Ce système est composé, à la base, de couches de silex et de jaspe diversement colorés en jaune, vert, lilas et noirâtre qui présentent des fissures remplies de fer oligiste; puis de calcaires blancs ou bleuâtres, de grès schisteux noirs et micacés, constituant les sommets de Rarĕu, Tudirescu, etc.

Viennent ensuite des calcaires blanc jaunâtre ou bleuâtre et même rougeâtre, plus ou moins compacts ou bien d'aspect bréchoïde, des grès et des conglomérats. Dans ces calcaires on rencontre des *Acéphales*, des *Gastropodes* et des *Polypiers,* mais à cause de la compacité et de la dureté de la roche qui les renferme il n'y a pas moyen de les isoler ; on les voit cependant très souvent en sections. Toutefois M. Gr. Stefănescu a pu y reconnaître (2) des *Pecten,* des *Retzia trigonella*

_____

(1) Simionescu. Asupra presenţei Callovianului in Carpatii româ-nesci. *Bul. soc. de Sciinţe Buc.* An VII, n° 1.

(2) *Anuarul biuroului geologic.* An III, n° 1. Bucuresci. Relation sommaire de l'année 1885, p. 53.

Schloth. ce qui indique nettement le Trias. Ce même auteur (1), dans son cours de géologie, dit que le Trias de cette région représente le Grès bigarré et le Muschelkalk.

A mon avis, quoique l'étude de ce gisement, le le seul d'ailleurs connu dans la Roumanie proprement dite (versant oriental des Carpathes roumaines), ne soit pas encore suffisamment avancée, il est très probable que les calcaires rouges et grisâtres peuvent se rapprocher de ceux de Pojorìtta (2) (Bukovine), localité qui se trouve à quelques kilomètres plus au nord. Ils paraissent également occuper les mêmes horizons que les calcaires de la Dobrogea, à faciès alpin.

DOBROGEA

Généralités. — Le Trias occupe une vaste étendue dans la partie orientale et septentrionale de ce pays, entre le Danube et la mer Noire, au nord et à l'est, et la vallée de Taiţa, à l'ouest et au sud, ne franchissant jamais cette vallée vers le sud. Les rapports avec les couches plus anciennes sont généralement très difficiles à observer à cause du grand développement du loess qui recouvre presque partout les affleurements triasiques. Cependant ils surgissent encore dans nombre de points sous forme d'îlots (klippes). Toutefois

---

(1) Gr. Stefanescu. Curs de geologie. Bucuresci, 1890, p. 155.

(2) Paul. Die Trias in der Bukovina. *Verh. k. k. Geol. Reichsanstalt.* 1874

là où les observations sont possibles, on voit toujours que les strates triasiques reposent en discordance soit sur des schistes noirs. fissiles (schistes d'âge dévonien, d'après Peters), soit sur des schistes sériciteux (Prislav), soit sur des conglomérats bréchoïdes, de nature argilo-calcaire (sorte de verrucano) (Tulcea-Horatépé), d'âge permien (1). Ce terrain forme des collines plus ou moins élevées, constituées par des strates disposées plus ou moins régulièrement, peu ou fortement inclinées, même renversées et plissées (Belledia), et par suite forte-ment fendillées et diaclasées, ce qui a facilité leur érosion et l'établissement de nombreuses vallées, actuellement largement aplanies.

Les roches qui prennent part à la constitution des couches triasiques de ce pays sont : des conglomérats, des schistes argileux, des grès plus ou moins siliceux et micacés (psammites) et des calcaires diversement colorés : gris, gris fumée, rouges, rougeâtres, roses, brunâtres, noir blanchâtre, qui sont soit bréchoïdes, soit compacts, voire même marmoréens et souvent dolo-mitisés, et des calcaires à Crinoïdes.

A mesure que l'on s'avance de l'ouest à l'est dans cette région triasique, le calcaire devient de plus en plus abondant, imprimant à lui seul au pays son caractère géographique. A côté et au second plan, ce sont les grès micacés (psammites) en couches plus ou moins dérangées, voire même disposées en éventail (Bestépé), qui dominent.

---

(1) Gr. Stefanescu. Curs de geologie. Buc., 1890.

Historique. — Le Trias de ce pays a été signalé pour la première fois par Spratt (1), qui pense que le groupe des roches du massif des Beştépé et de Tulcea, peut être d'âge triasique.

Plus tard Peters (2), en reconnaissant les mêmes faits, se prononce affirmativement sur leur âge triasique et indique même la possibilité de leur ressemblance avec le Trias alpin. En effet, tout en constatant la difficulté qu'on éprouve dans l'étude du Trias par suite du fait que les affleurements fossilifères sont très réduits, il dit : « Tout observateur familiarisé avec le Trias alpin « conviendra que l'interprétation des couches des envi- « rons de Tulcea, comme équivalent des couches de « Werfen, Guttenstein et Hallstatt, a une grande pro- « babilité (3) ».

En 1873, M. Mojsisovics (4), d'après les données sur la Dobrogea, et la présence du genre *Sageceras*, trouvé parmi les fossiles rapportés de la Dobrogea par Peters, confirme la manière de voir de ce dernier auteur.

Plus tard M. le professeur Gr. Stefanescu (5) donne

---

(1) Spratt (Capitain). On the Freshwater Deposits of Bessarabia, Moldavia, Wallachia and Bulgaria. *Quart. Journ.*, vol. XVI, n° 63, p. 281.

(2) Peters (K. v.). Grundlinien zur Geographie und Geologie der Dobrudscha. *Denkschr. d. Math.-Nat. Wissens. Cl. d. Kais. Akad. Wissensch.*, Bd. XXVIII, 1867.

(3) Peters (K. F.). *Loc. cit.*, p. 23.

(4) Mojsisovics (Ed. v.). Ueber ein Vorkommen der Ammoniten-Gattung *Sageceras* in der Dobrudscha. *Verh. k. k. Geol. Reichsanst.*, 1873, n° 17, p. 309.

(5) Gr. Stefanescu. *Loc. cit.*, p. 155.

une description sommaire du Trias de la Dobrogea.
D'après cet auteur, le Trias, qui occupe toute la partie
orientale du district Tulcea, entre la ville de Tulcea,
« le lac Rasin, Mahmudia et Donavĕț, forme plusieurs
« îlots qui sortent du loess Pleistocène qui couvre cette
« région : il présente le faciès *alpin*, et il est constitué par
« des grès durs, fins ou grossiers, diversement colorés
« (grès bigarré), des calcaires compacts gris et noirâ-
« tres, dont un ensemble magnésien (Muschelkalk), et à
« leur partie supérieure formant le Keuper, des calcaires
« compacts rouges, grisâtres et blanchâtres, très riches
« en fossiles, parmi lesquels il cite : des *Orthocères, Am-*
« *monites Aon, Am. Ausseanus,* etc., des nombreux
« *Halobies* et *Esthéries.* » Il résulte donc, d'après cet
auteur, que le Trias de la Dobrogea est représenté par
trois étages, à savoir : Grès bigarré, Muschelkalk et
Keuper et que c'est surtout à ce dernier étage que se
rapportent les importantes masses calcaires, riches en
Céphalopodes, ce qui n'est pas du tout exact.

En 1896 M. Mojsisovics (1) appelle de nouveau
l'attention sur le Trias de la Dobrogea, qu'il considère
comme alpin, d'après les fossiles de cette région, com-
muniqués par M. Gr. Stefanescu.

Enfin, tout récemment, M. Redlich (2), à l'occasion

---

(1) Mojsisovics (Ed. v.). Ueber den chronologischen Umfang des
Dachsteinkalkes. *Sitzungsber. d. k. Akad. d. Wissensch. math., nat.
Classe,* Bd. CV, Abth. 1, Jän. 1896.

(2) Redlich (K. A.) Geologische Studien in Rumänien II. *Verh.
K. K. Geol. Reichsanstalt.* 1896, p. 492.

de ses voyages géologiques dans la Roumanie, fait une description du Trias de la Dobrogea : il assimile également ment ce terrain, d'après les données stratigraphiques et les déterminations faites par M. Kittl, au Trias à faciès alpin, ce qui a été déjà indiqué par les auteurs qui se sont occupés de cette région avant lui.

Descriptions locales. — Les principaux points où l'on peut observer le Trias sont : Tulcea (Belledia), Câșla, Trestenic, Accadîn, Cataloi, Nalbant, Bașchioi, Congaz, Zibil, Hagighiol, Popina, Beștepe, Denistepe, etc. Parmi ces localités il y en a très peu qui puissent fournir des données importantes, par suite de leur pauvreté en fossiles.

Je commence la description des affleurements triasiques par celui de Popina, île située au milieu de la partie septentrionale du lac Razelm. Au milieu d'une épaisse couverture de loess et d'alluvions, apparaît dans le N.-N.-O, une falaise rocheuse, abrupte, formée de strates inclinées qui plongent vers l'est. Ces couches sont formées de conglomérats calcaires, supportant un calcaire grisâtre bréchoïde, avec des taches rouges, et riche en Crinoïdes. Dans le calcaire on peut récolter de nombreux fossiles très mal conservés, mais parmi lesquels les Brachiopodes prédominent.

J'ai recueilli :

Spiriferina Menzeli Dunkr.

Spiriferina gregaria Peters *(Sp. pontica* Bittn.).

Retzia cf. *Schwageri* Bittn.

Retzia sp.

Terebratula vulgaris Schloth.

Waldheimia cf. *angusta* Schloth.
Rhynchonella orientalis Peters
Natica sp.
Evomphalus sp.
Megalodus sp.
Pecten sp.

Peters cite encore un fragment d'Ammonite qui se rapporterait à l'*Am. Aon.* J'ai également remarqué dans le calcaire à crinoïdes de nombreuses sections d'ammonites, qu'il m'a été impossible d'extraire à cause de l'eau qui recouvre le banc fossilifère. La liste des fossiles que je viens de donner contient des formes qui ont été antérieurement trouvées, soit par Peters, soit par M. Redlich ; en outre il existe bien des espèces dont la détermination, à cause de leur mauvais état de conservation, est sujette à caution, j'ai dû par conséquent me contenter de leur détermination générique.

En tout cas les formes les plus communes sont : des *Spiriferina*, des *Rhynchonella* et des *Terebratula*, toutes voisines ou identiques aux espèces d'Esino (Val del monte), Commonda (Vénétie) et aux formes du Muschelkalk de Lunéville (1). Il y a donc un rapprochement à faire entre la faune de Brachiopodes de Popina et celle du Muschelkalk supérieur des Alpes (2), quoique l'identité ne soit pas parfaite.

L'abondance des Brachiopodes et l'absence presque complète des Céphalopodes est un des principaux carac-

---

(1) Peters. *Loc. cit.*, p. 18.
(2) Redlich. *Verh. k. k. Geol. Reichsanst*, 1896, p. 498.

tères du Trias de cette localité et permet de le rattacher au Trias de Hagighiol.

Hagighiol. — C'est près de ce village qu'on trouve le gisement le plus remarquable, au point de vue de la richesse en Céphalopodes, tant en nombre qu'en espèces. Au sud et à l'ouest de cette localité, on voit des collines (Dealu cu Cunună, Căuşu Mare, Căuşu Mic, Lutu roşiu), fortement ravinées, recouvertes par du loess, au milieu duquel surgissent les couches triasiques.

Ces couches sont formées de calcaires faiblement inclinés dans la direction N.O.-S.E. ; elles plongent vers la mer.

On observe notamment à Căuşu Mic la succession suivante :

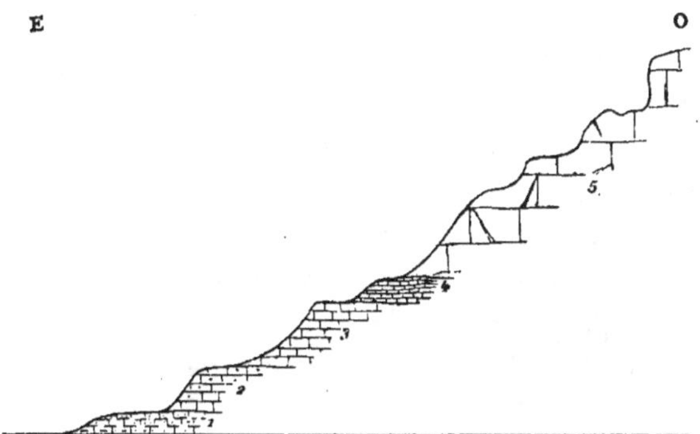

Fig. nᵒ 2. — Coupe prise au S.-O. du village de Hagighiol à Caŭşiu mic.

1. Calcaire brun-rougeâtre. — 2. Calcaire rouge-grisâtre prenant une coloration de plus en plus claire à mesure que l'on monte dans la série. — 3. Banc calcaire gris, très puissant et sans fossiles. — 4. Calcaire noirâtre. — 5. Calcaire rose (teinte plus claire que celle des calcaires inférieurs).

Assise I. — Banc calcaire brun rougeâtre, plus ou moins compact dans les parties non exposées à l'air et dans lequel il y a beaucoup de fossiles. Parmi ceux que j'ai recueillis, j'ai pu reconnaître, malgré l'état de conservation souvent imparfait :

Monophyllites sphærophyllus Hauer

Monophyllites sp. ind.

Ceratites?

Ptychites Stoliczkai Mojs.

Ptychites du groupe des *rugiferi.*

Ptychites n. sp.

Gymnites sp. ind.

Nautilus sp.

Aulacoceras sp. ind.

Orthoceras campanile Mojs.

Dans ces couches on remarquera l'abondance du genre *Ptychites,* ce qui nous engage à rapprocher ces assises de celles de l'Himalaya (Zone à Ptychites rugifer).

Assise II. Elle est formée de calcaire encore rougeâtre avec tendance à prendre une coloration plus claire, à mesure que l'on monte dans la série. En effet, à la partie supérieure, ce banc est constitué par un calcaire grisâtre, dans lequel il y a seulement des taches ou des veinules rouges. Les céphalopodes y sont rares, cependant les *Orthocères* sont très nombreux; on y constate aussi la présence de quelques sections d'Ammonites.

C'est dans ce banc qu'apparaissent les *Protrachyceras,* qui un peu plus au sud, à Lutu roșiu, sont très abondants.

Assise III. Elle est constituée par des bancs puissants de calcaire gris, dans lesquels je n'ai trouvé aucun fossile:

il serait intéressant cependant d'y faire de nouvelles recherches.

Assise IV. — Elle est représentée par une couche formée de calcaire noir, à cassure conchoïdale, très dur, sans fossiles et très peu épais dans cette localité, mais dont l'importance n'est pas moins grande, au point de vue des rapports qui doivent être établis entre les différents niveaux triasiques de la Dobrogea. En effet, ce calcaire noir existe en plusieurs endroits, notamment à Tulcea (Belledia) et à Cataloi; il est en rapport dans ces diverses localités avec les schistes à *Halobies* sur lesquels il repose. Il est recouvert à son tour dans la région de Hagighiol par des calcaires dolomitiques.

Assise V. — A la partie supérieure de l'assie IV se voit une puissante succession de calcaires roses, dolomitiques, sans fossiles, qui prennent vers l'ouest l'aspect caractéristique de calcaires ruiniformes (mont Tuţuiatu).

Les différentes assises que je viens d'étudier (I à V) ont une puissance d'environ 40 mètres; elles s'étagent sous forme de gradins dans lesquels le passage d'une couche à l'autre se fait presque insensiblement, mais on peut tout de même y reconnaître au moins les principales divisions que je viens d'indiquer, d'abord par la présence de fossiles et ensuite par le caractère tiré de la coloration de calcaires.

D'après l'examen de leur faune, les couches qui forment au moins les assises I et II peuvent être considérées comme les représentants des couches à *Ceratites trinodosus*, ou « Schreyer Alpe Schichten » du Trias des Alpes.

Lutu roşiu. — Dans cette localité, on peut observer presque la même succession pétrographique qu'à Căuşu Mic, mais la faune un peu différente permet d'établir l'existence de nouvelles zones dans ce complexe de calcaires triasiques. Ainsi j'ai pu relever la coupe suivante :

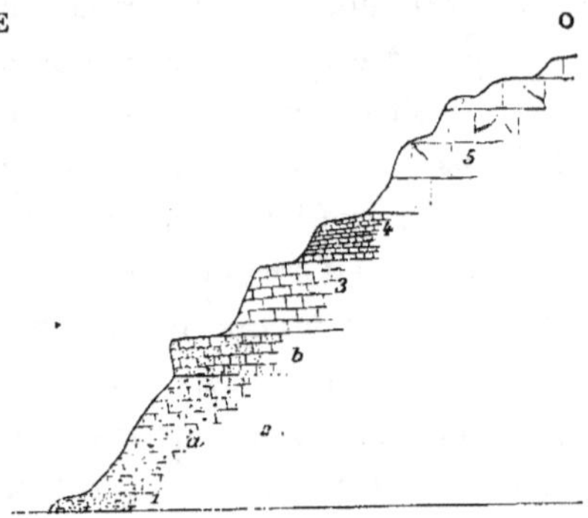

Fig. n° 3. — Coupe prise au S.-S.-O. du village de Hagighiol à Lutu roşiu.

1. Calcaire brun-rougeâtre. — 2. Calcaire rouge, *a* zone à *Tr. Aon ; b* zone à *Tr. aonoides*. — 3. Calcaire gris. — 4. Calcaire noir. — 5. Dolomies (calcaire rose).

Les couches disposées toujours en gradins plongent faiblement vers la mer ;

Assise I. — Calcaire brun rougeâtre, le même que celui de l'assise correspondante de Căuşu Mic, mais contenant une faune un peu différente, tout en conservant le même caractère général. Les *Ptychites* sont rares, par contre les Brachiopodes sont abondants. J'ai pu reconnaître parmi les fossiles recueillis les formes suivantes :

Procladiscites sp.

Gymnites sp.

Monophyllites sp. ind.

Megaphyllites sp.

Orthoceras campanile Mojs.

Rhynchonella sp.

Spirifer Menzeli Dunkr.

Pecten sp.

Dans cette même localité et dans le même calcaire, M. Kittl a pu reconnaître parmi les fossiles recueillis par M. Redlich (1) les formes suivantes :

Arcestes sp. ind.

Ptychites sp.

Sturia Sansovinii Mojs.

Gymnites ind.

Procladiscites connectens Hauer

Monophyllites cf. *Suessi* Mojs.

Megaphyllites sandalinus Mojs.

Celtites cf. *fortis* Mojs.

Orthoceras campanile Mojs.

— *dubium* Hauer

Atractites sp.

Pecten cf. *concentricestriatus* Hoernes

Pecten sp.

Mysidioptera sp.

Spiriferina Menzeli Schloth.

Rhynchonella retractifrons Bittner

Cette assise, d'après sa faune, n'est donc que le repré-

----

(1) REDLICH. Geologische Studien in Rumänien II. *Verh. k. k. Geol. Reichsanst,* 1896, p. 496.

sentant de la zone à *Ceratites trinodosus* et supporte la suivante :

Assise II. — Cette assise est représentée par un banc calcaire très développé, ayant les mêmes caractères pétrographiques dans toute son étendue et dans lequel il n'est pas possible de faire de divisions bien apparentes, mais dans lequel au point de vue de la faune il est indispensable de faire des coupures, car les fossiles qu'on y rencontre appartiennent à plusieurs zones. Il y a donc deux niveaux principaux à considérer dans cette assise II, formée entièrement par des calcaires rougeâtres ou grisâtres.

a) Niveau inférieur, dans lequel j'ai reconnu :

Arcestes cf. *Münsteri* Mojs.

Arcestes sp.

Monophyllites Aonis Mojs.

Megaphyllites cf. *Jarbas* Münst.

Lobites cf. *ellipticus* Hauer

Cladiscites sp.

Sageceras sp.

? *Dionites* sp.

Trachyceras n. f.

Protrachyceras n. f.

Aulacoceras sp.

et plusieurs autres formes qui sont probablement des genres nouveaux, non encore décrits, mais dont je ne puis pas donner une description, faute de matériaux suffisants. J'ai trouvé également dans ce niveau une espèce nouvelle de *Trachyceras* du groupe des « *falcosa* ».

Dans ce même calcaire, on a déjà cité (1):

Trachyceras sp. ind.

Protrachycerus cf. *furcatum* Münst.

     —   aff. *subfurcatum* Mojs.

     —   cf. *armatum* Münst.

Arpadites sp.

Celtites sp.

Monophyllites Wengensis Mojs.

Megaphyllites cf. *Jarbas* Münst.

Sageceras cf. *Haidingeri* Hau.

Lobites cf. *ellipticus* Mojs.

     — aff. *Joannites* (probablement un nouveau genre).

    Arcestes cf. *Münsteri* Mojs.

     —   aff. *Ausseanus* Hau.

Orthoceras dubium Hau.

Norella cf. *Kellneri* Bittn.

Porocrinus reticulatus Dittm.

On voit donc d'après ces deux listes de fossiles que ce niveau contient la faune caractéristique de la zone à *Trachyceras Aon* ou « Cassianer Schichten. »

b) Niveau supérieur, représenté par de petits lits calcaires en partie enlevés par l'érosion, mais dont il reste encore quelques lambeaux, et dans lesquels j'ai pu recueillir les formes suivantes :

Pinacoceras Layeri Hauer

---

(1) REDLICH (K. A.). *Loc. cit.*

Joannites cymbiformis Wulf.

Monophyllites Simonyi Hauer

Phylloceras occultum Mojs.

Placites sp.

Orthoceras dubium Hauer

Cette faune, qui n'avait pas encore été signalée dans la Dobrogea, indique la zone des *Trachyceras aonoides* ou « Raibler Schichten. »

Au-dessus de ce niveau vient la puissante formation de calcaires gris, noirs et roses ; ces derniers calcaires sont dolomitiques et sans fossiles. Cet ensemble de calcaires atteint une épaisseur qui représente environ les trois quarts de la puissance totale du Trias de la Dobrogea.

Başchioi. — Au nord-ouest de la ville de Babadag, on voit des couches fortement inclinées, formées par des calcaires ; à Cheltepe, on peut reconnaître la succession suivante :

c) Calcaire dolomitique, grisâtre, marmoréen vers la partie supérieure.

b) Calcaire bréchoïde, de couleur grisâtre.

a) Calcaire dur, marmoréen, de couleur rougeâtre.

Dans les couches *a*, j'ai recueilli des Ammonites très mal conservées, mais qui ne sont autre chose que des fragments de *Ptychites* et de *Monophyllites* spécifiquement indéterminables. Pourtant M. Redlich, plus heureux que moi, a recueilli dans le calcaire brunâtre de Başchioi la faune suivante :

Sturia Sansovinii Mojs.

Monophyllites sphærophyllus Hau.

Gymnites sp. (cf. *incultus* Beyr.).

Procladiscites Griesbachi Mojs.

Orthoceras sp.

Il y a donc dans cette localité un représentant des couches à *Ceratites trinodosus* de Hagighiol. La formation de cette localité a été attribuée par Peters au Lias, à la suite de déterminations qu'il avait faites (*Am. Jamesoni* Sow, *A. Charmassei* d'Orb., quelques fragments de Bélemnites). Ces fossiles étaient si peu liasiques, que les mêmes exemplaires ont été rangés par Hoernes dans le Muschelkalk, tellement leur affinité avec les formes triasiques lui parut grande (1).

ZIBIL. — Dans cette localité il existe un affleurement triasique très important, mais malheureusement très difficile à explorer par suite de l'énorme couverture de Loess qui le recouvre. Sur les bords du lac de Babadag, j'ai trouvé parmi les cailloux roulés un exemplaire de *Tirolites* cf. *dinarus* Mojs., ce qui indique la présence, dans les environs de cette localité, du Werfénien (zone à *Tirolites Cassianus*).

Dans la même localité et du côté du lac, on voit des strates formées de calcaires gris de fumée dans lesquels i'ai trouvé un *Ceratites nodosus* Haan, identique à certaines variétés du « Hauptmuschelkalk » d'Allemagne, ce qui indiquerait la présence du Ladinien. Dans les mêmes couches, on peut observer un banc pétri d'*Encrinus liliiformis* Lmk. Les rapports de ce gisement

---

(1) REDLICH. *Loc. cit.*, p. 499.

avec les autres couches triasiques du voisinage sont masqués par le loess.

C'est assurément dans cette localité qu'il faudra, dans la suite, faire de nouvelles et patientes recherches dans le but de découvrir des documents paléontologiques plus complets permettant d'établir les rapports de ces couches, avec les couches triasiques des environs et peut-être de découvrir le gisement exact du *Tirolites*, trouvé dans les conditions que je viens d'indiquer.

Nulle part, dans cette région, je n'ai pu reconnaître de représentant à faciès alpin des couches de Buchenstein (zone à Trachyceras Reitzi) et des couches de Wengen (zone à Trachyceras Archelaus), c'est-à-dire du Ladinien inférieur et moyen.

En dehors des localités que je viens de signaler, on ne rencontre nulle part d'affleurements triasiques contenant des céphalopodes. Mais en de nom-

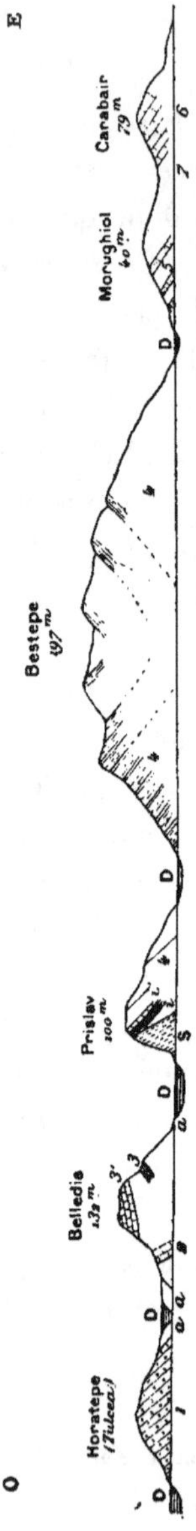

Fig. n° 4. — Coupe relevée le long du Danube de la ville de Tulcea (Hora-tepe) jusqu'au Dunaveṭ.

D Danube. — *a* Alluvion. — S Schistes anciens sériteux. — *ii'* Schistes argileux et marneux. — 1. Conglomérat et calcaire bréchoïde (Verrucano). — 2. Calcaire rouge marmoréen. — 3'. Calcaire noir. — 3. Schistes à Halobies. — 4. Psammites. — 5. Calcaires et psammites. — 6. Calcaires et grès schisteux jaunâtre. — 7. Loess.

breux points, on voit des schistes argileux, grisâtres, verdâtres ou bleu violacé, alternant avec des schistes calcaires caractérisés par la présence de *Halobies* et supportant des calcaires noirs, ou bien des grès plus ou moins sableux ou micacés.

Parmi les localités où les Halobies sont le plus abondantes je citerai les suivantes :

BELLEDIA (Tulcea). Au sud-est de la ville de Tulcea, en sortant par la barrière de Mahmudia, s'élève une colline (1) haute de plus de 132 mètres, formée de calcaire rouge très dur, marmoréen, en strates presque verticales, qui supporte en discordance apparente des couches marno-calcaires dont la schistosité est très développée et qui, à leur tour, sont recouvertes par des bancs de calcaire noir, séparés par de minces lits argileux (fig. n° 4).

Toutes ces couches sont fortement repliées les unes sur les autres et dérangées de leur stratification primitive, de telle manière que leur position réelle est très difficile à observer.

La présence des strates marno-calcaires, reposant en discordance sur les calcaires rouges en couches presque verticales, pourrait faire penser à une différence dans l'âge de ces couches, ce qui, probablement, n'est pas le cas. En effet, ces assises ayant été dérangées de leur position primitive, par suite de mouvements postérieurs,

---

(1) Dans cette colline, il y a plusieurs carrières pour l'extraction du calcaire.

les calcaires noirs, plus récents que les schistes argileux qui ne sont que la suite des calcaires rouges, sont venus reposer en discordance angulaire sur ces derniers.

L'étude des plis et des mouvements de cette région démontrera probablement la position exacte des calcaires rouges, par rapport aux couches à Halobies (schistes argileux) et au calcaire noir.

Au point de vue paléontologique, cette localité offre un certain intérêt. car dans les couches argilo-schisteuses, fortement diaclasées avec rares cristaux d'oxyde de fer (oligiste), décomposés et transformés en petits amas de limonite, on peut recueillir de nombreuses Halobies, qui malgré leur mauvais état de conservation, peuvent être attribuées aux formes suivantes :

Halobia insignis Gemm.

—   *lucana* Lorenzo

—   *fluxa* Mojs.

Cette dernière a été citée également par M. Redlich.

Plus au sud, sur la route de Hagighiol, au kilomètre 2, j'ai trouvé, dans un ravin, des schistes calcaires noirs, alternant avec des schistes argileux qui contiennent des *Acéphales* ou des *Entomostracés* ayant des ressemblances avec *Estheria* ou *Avicula,* mais dont l'état de conservation ne permet pas une détermination générique rigoureuse.

Au nord-ouest-ouest de la ville de Tulcea, au voisinage du village de Câşla, on rencontre des schistes argileux semblables à ceux de Belledia et supportant des calcaires grisâtres très durs et sans fossiles, mais qui présentent de grandes ressemblances avec les calcaires supérieurs, roses, dolomitiques de Hagighiol et du mont Ţuţuiatu (voisinage de Hagighiol).

Le long du Danube et à l'est de la ville de Tulcea, le pays est formé par une puissante succession de grès plus ou moins micacés (sorte de psammite), en couches tantôt presque horizontales, tantôt fortement inclinées, prenant même quelquefois une disposition en éventail (Beştepe). Ce groupe d'assises constitue les massifs de Beştepe, Caraecele (Carabair), qui vient butter contre les schistes sériciteux de Prislav, en couches verticales.

En outre, on peut observer dans cette dernière localité, notamment au point nommé *Dealu Oprei*, en dessous des grès, un banc calcaire gris dans lequel Peters dit avoir trouvé des traces de *Posidonomya*, et des schistes marneux avec fragments de *Sauriens*(1), ce qui a conduit cet auteur à admettre l'assimilation de ces couches avec celles de Reifling (Ichthyosaurus-Schichte von Reifling) près de Ems.

CATALOI. — Au sud-ouest de la ville de Tulcea et sur la rive gauche de la rivière de Teliţa, se trouve le village de Cataloi, situé dans un bassin rempli de loess, au milieu duquel surgit une colline dénudée et composée de couches calcaires plus ou moins argileuses, alternant avec des bancs de calcaire en plaquettes, de couleur grisâtre et supportant des calcaires noirs, durs, à cassure conchoïdale.

Ces roches, fortement diaclasées, sont disposées en

----

(1) PETERS. *Loc. cit.*, p. 23.

strates peu inclinées avec une direction N.O.-S.E. : leur schistosité secondaire est tellement développée qu'elle masque la stratification primitive, de telle manière que le grand axe des fossiles paraît être normal au plan de stratification. Ce complexe de couches est supporté par un conglomérat calcaire à éléments de différentes grosseurs.

Dans les schistes argileux, on rencontre de nombreuses Halobies, parmi lesquelles j'ai pu reconnaître ici les mêmes formes qu'à Belledia :

Halobia insignis Gemm.

— *lucana* Lorenzo

— *fluxa* Mojs.

Peters avait déjà cité dans cette localité :

Halobia Lommeli Wism.

— *Moussoni* Mer.

Plus au sud, dans la vallée de Taiṭa, on rencontre dans les ravins de Alibeichioi, Accadìn, etc., des schistes argileux, supportant des grès qui, tout étant absolument dépourvus de fossiles, semblent par leurs rapports stratigraphiques être supérieurs aux couches à Halobies de Belledia et de Cataloi, d'autant plus qu'à Cilic, M. Redlich a trouvé, dans des schistes subordonnés aux psammites, des traces d'Halobies qu'il rapporte à une forme très connue, *Halobia rugosa*.

Je placerai donc l'ensemble des couches schisto-argilo-calcaires de Belledia, Cataloi, Cilic, etc., comme M. Redlich l'a déjà fait, à la partie supérieure du Ladinien et en dessous du Keuper.

En même temps, je ne vois aucun inconvénient à

mettre à la partie terminale du Trias de la Dobrogea, comme équivalent du Keuper, toute la succession de grès sableux et micacés, si développés à l'ouest entre la vallée de Taiţa et celle de Teliţa jusqu'à Nicoliţel. A l'est, ces assises, qui passent au sud de la ville de Tulcea, pour former les collines de Beştepe, Părlita, Caraecele, et finir tout près de Caraebil, constituent comme une sorte de bordure au Trias plus ancien à faciès nettement alpin.

Résumé et Conclusions. — Il y a dans la Dobrogea, d'après ce que je viens d'exposer, un Trias représenté par les étages suivants :

Werfénien. — L'existence de cette division n'est encore démontrée que par un seul exemplaire de *Tirolites*, trouvé aux environs de Zibil, mais dont le gisement n'est pas encore connu avec précison.

Virglorien. — Cet étage est bien développé à Başchioi et Hagighiol. Il est formé par des calcaires rouges, caractérisés par la faune suivante :

Monophyllites sphærophyllus Hau.

Ptychites Stoliczkai Mojs.

Orthoceras campanile Mojs.

Rhynchonella orientalis Peters

Cette faune est caractéristique du Virglorien supérieur (zone à *Ceratites trinodosus*, « Schreyer » Alpe Schichten = zone à *Ptychites rugifer* de l'Himalaya).

Je n'ai rencontré dans cette région aucun représentant du Virglorien inférieur (zone à *Cer. binodosus*).

Ladinien. — Le Ladinien inférieur (zone à *Tr.*

Reitzi) et moyen (zone à *Tr. Archelaus*) est représenté par les calcaires gris de Zibil, avec

Ceratites nodosus Haan

Encrinus liliiformis Lmk.

La présence de ces deux espèces montre par conséquent un représentant du Trias à faciès germanique (Haupt-muschelkalk) ; le faciès alpin correspondant à ce niveau est encore inconnu dans cette région.

Quant au Ladinien supérieur il est formé de calcaires avec :

Arcestes cf. *Münsteri* Mojs.

Monophyllites Aonis Mojs.

Megaphyllites cf. *Iarbas* Münst.

Lobites cf. *ellipticus* Hau.

Trachyceras.

Cette faune indique la zone à *Trachyceras Aon* ou « Cassianer Schichten ».

Dans cet étage viendraient se placer les schistes à *Halobia* de Belledia, Cataloi, etc.

Carnien. — Cet étage est formé par un complexe de calcaires rouges à la base, de calcaires gris, noirs et de calcaires roses dolomitiques, à la partie supérieure.

A Hagighiol on trouve, dans les calcaires rouges qui viennent au-dessus des couches de la zone à *Tra-chyceras Aon*, la faune suivante :

Pinacoceras Layeri Hauer

Joannites cymbiformis Wulf.

Monophyllites Simonyi Hauer

Phylloceras occultum Mojs.

Placites sp.

Orthoceras dubium Hauer,
faune caractéristique de la zone à *Trachyceras aonoides*.

C'est à la partie supérieure de l'étage Carnien qu'il convient de placer les calcaires non fossilfères et dolomitiques de Mont Ṭuṭuiatu, Taṣlicairac, etc., ainsi que la succession de grès et de psammites placés par M. Redlich dans le groupe des « Raibler Schichten », correspondant par conséquent au Keuper du Trias germanique.

On peut donc constater, d'après ce qui précède, qu'il existe dans la Dobrogea une succession presque complète de couches triasiques, présentant un faciès alpin, identique à celui de la Schreyeralpe dans le Salzkammergut, de Han Bulog, en Bosnie, de la Pojoritta, en Bucovine, et du golfe d'Ismid, en Asie Mineure, constituant un jalon de plus entre la province triasique alpine et la province la plus importante extra-européenne de l'Inde (1).

Je ferai remarquer, en outre, que la présence des *Tirolites* indique une liaison nouvelle entre le Trias inférieur des Alpes dinariques et celui du Mont Bogdo, dans la steppe d'Astrakan (2).

---

(1) Waagen. Fossils from the Ceratite formation. *Palæont. Ind.*, sér. XIII, Salt Range Fossils, vol. II, 1895.

Diener (C.). Ergebnisse einer Geologischen Exped., etc. *Denkschr. k. Akad. d. Wissensch.*, Bd. LXII. *Math. nat. Cl.*, 1895, p. 596, et *Palæont. Ind.*, sér. XV, vol. II.

(2) Haug (E.). *Compte rendu sommaire des séances de la S. G. F.*, séance du 20 déc. 1897, n° 18.

Tableau nº 1. — Parallélisme des couches triasiques dinariques et de la Dobrogea

	PROVINCE MÉDITERRANÉENNE			PROVINCE INDIENNE	BALKANS OCCIDENTAL	BALKANS CENTRAL	BALKANS ORIENTAL	PROVINCE GERMANIQUE
ÉTAGES	ZONES CLASSIQUES	LOCALITÉS CLASSIQUES	DOBROGEA					
JUVAVIEN.		Calcaire de Dachstein		Faune à Céphalopodes Juvaviens de l'Himalaya.	Calcaires dolomitiques avec Crinoïdes.	Calcaire dolomitique avec Crinoïdes et Gyroporelles.	Calcaire dolomitique dans la p. occidentale.	
CARNIEN.	Z. à Tr. aonoïdes.	Couches de Raibl. } Calcaire de Hallstatt.	Calcaire dolomitique du mont Tutuiatu, etc.	Faune à Céphalopodes Carniens de l'Himalaya.				Keuper.
			Calcaire à *Pinacoceras Layeri.* — Grès et Psammites sans fossiles (Beștepe, etc.)					
LADINIEN.	Z. à Tr. Aon.	Couches de St-Cassian.	Calcaire rouge de Lutu roș.					Lettenkohle.
	Z. à Tr. Archelaus.	Couches de Wengen.	Calcaire gris de Zibil avec: *Ceratites nodosus, Encr. liliiformis.* — Schistes à *Halobies* de Cataloi Belledia, etc.					Muschelkalk. p. p. dit.
	Z. à Tr. Reitzi.	Couches de Buchenstein.						
VIRGLORIEN.	Z. à Cer. trinodosus.	Couches de la Schreyer Alpe.	Calcaires rouges de Hagighiol et Baschioi. avec *Ptychites* du gr. *rugifer.*	Z. à *Ptychites rugifer.*	Wellen-kalk.	Myophorien (Wellen) kalk.		Wellenkalk.
	Z. à Cer. binodosus.	Couches de Brags.		Z. à *Sibirites Prahlada.*				
WÉRFÉNIEN.	Z. à Tirolites Cassianus.	Couches de Werfen.	Zibil *Tirolites* cf. *dinarus.*	Z. à *Flemingites.*	Grès rouge et blanc.	Grès.		Grès bigarré.

Tableau n° 2. — Parallélisme des couches triasiques de la Dobrogea et de la Roumanie proprement dite.

ÉTAGES	ZONES CLASSIQUES	DOBROGEA. — LOCALITÉS						CARPATHES ROUMAINES
						HAGIGHIOL		
		ZIBIL	POPINA	BASCHIOI	CATALOI, BELLEDIA BESTÈPE, ETC.	LUTU ROSIU	CAUSU MIC	
Carnien	Z. à Tr. aonoides.				Psammites et calcaires supérieurs.	Calcaire dolomitique. / Calcaire rouge à *Pinaceras, Phylloceras,*etc.	Calcaires rose dolomitique.	
Ladinien.	Z. à Tr. Aon.					Calcaire rouge et gris avec *Arcestes, Monophyllites, Megaphyllites.*		
Ladinien.	Z. à Tr. Archelaus.	Calcaire gris fumée avec *Ceratites nodosus.*		Dolomies.	Calcaire noir.			
Ladinien.	Z. à Tr. Reitzi.		Calcaire à sections d'*Ammonites.*			—		
Virglorien.	Z. à Cer. trinodosus.		Calcaires gris avec *Brachiopodes.* Conglomérats.	Calcaires rouges à *Ptychites.*	Schistes argilo-marneux à *Halobies.*		Calcaire rouge avec *Ptychites* et *Monophyllites*	Muschelkalk du mont Rareu et du mont Tudirescu (Suceava).
Virglorien.	Z. à Ceratites binodosus.		—	—	—	—		
Werfénien.	Z. à Tirolites Cassianus.	*Tirolites* cf. *dinarus* gisement inconnu.	—	—	—	—	—	Grès bigarré du mont Rareu et du mont Tudirescu (Suceava).

II

SYSTÈME JURASSIQUE.

Carpathes (versant roumain). — Les terrains jurassiques sont bien représentés en Roumanie et prennent une large part à la constitution des hauts massifs montagneux. Leur étude n'étant pas encore suffisamment avancée, il est bien difficile de donner un aperçu sur leur division et sur leur distribution sans commettre des fautes d'interprétation, d'autant plus que généralement les fossiles sont très rares. Néanmoins on peut reconnaître dans le système jurassique de ce pays trois grandes divisions :

Jurassique inférieur. Lias. — Le système Jurassique débute, dans la partie occidentale de la Roumanie et notamment dans le district de Gorj (1), par des calcaires, des schistes et des grès plus ou moins foncés, qui contiennent des lits de lignite, plus ou moins développés. Il est absolument impossible de préciser l'âge exact de cette formation, à cause de l'absence de fossiles. Toutefois, par analogie avec les régions avoisinantes de la Transylvanie, on peut la rapporter à l'Infralias supérieur.

Plus à l'est, dans le bassin de la Jalomiţa, sur le flanc sud-est du mont Strunga, Herbich a cité des calcaires « ardésiens » avec restes de plantes ressemblant à un *Araucaria* et un Spirifer, probablement *Sp. rostratus*

---

(1) Redlich (K.A.). Geologische Studien in Rumänien. *Verh. k. k. Geol. Reichsanst*, 1896, p. 81.

canaliculatus Quenst. qui indiquent le Lias (1). Ces calcaires sont bien plus récents et appartiennent au Bajocien, au Bathonien et au Callovien, comme cela résulte des dernières recherches de M. Popovici-Hatzeg (2). Ont été également citées par Herbich, comme appartenant au Lias, les couches qui viennent par-dessus les calcaires rougeâtres qu'il considérait comme triasiques et qui sont si développés dans le massif de Piatra Craiului. Ces différentes assises, comme je l'ai déjà dit, appartiennent en réalité au Jurassique supérieur (3).

M. Redlich cite encore l'existence de lignites liasiques dans la vallée de Jalomiţa, sans préciser l'endroit (4), mais leur présence est douteuse.

Jurassique moyen. — Cette série est représentée dans le bassin de la Jalomiţa par une partie des couches du mont Strunga, qui reposent sur les schistes archéens et dans lesquelles dernièrement M. Redlich a pu recueillir une riche faune, composée de nombreux Brachiopodes et d'Acéphales :

Terebratula perovalis Sow.

— *globata* Sow.

Rhynchonella varians Schloth.

Ceromya plicata Ag.

Pholadomya Murchisoni Sow.

— *Jurassi* d'Orb.

---

(1) Données paléontologiques sur les Carpathes roumains. *An. Biur. Géologic.* An. III, n° 1, p. 336.
(2) Communication inédite de M. Popovici.
(3) Voir plus haut. Trias.
(4) Redlich (K.A). *Ibid.*, p. 18.

Goniomya proboscidea Ag.

Perna sp.

Cette faune indique la zone « à *Stephanoceras Humphriesianum* et *Parkinsonia Parkinsoni* » (1). Ces premières couches supportent des strates oolithiques qui renferment beaucoup de Céphalopodes. L'étude paléontologique montre que le Jurassique moyen (Dogger) de cette région présente les mêmes caractères que celui de la Serbie, du Banat (Swinitza), ce qui est encore confirmé par l'identité de faciès pétrographique.

D'après la faune qu'on trouve à Strunga, on peut conclure que le Jurassique de cette localité peut facilement, d'après les assimilations mêmes de M. Redlich, se rapporter au **Bajocien** (zone à *Park. Parkinsoni*) et au **Bathonien** (zone à *Cœloc. Humphriesianum*).

Jurassique supérieur. — De toutes les formations jurassiques des Carpathes Roumaines, la série Jurassique supérieure est celle qui a été le mieux étudiée et qui, tout en étant pauvre en fossiles, fournit cependant de nombreuses données pour leur synchronisme.

Cette série est représentée dans la partie occidentale de la Roumanie, notamment dans le district de Mehedinti, par des calcaires compacts ou cristallins, dont l'âge précis n'est pas encore fixé ; M. Sabba Stefănescu, qui a fait l'étude de cette région, les a placés dans le « groupe secondaire » (2).

---

(1) Redlich. *Loc. cit.*, p. 77.

(2) Sabba Stefanescu. Mémoire sur la géologie du district Mehedinti. *An. Biur. Geol. Bucuresci*, 1888, n° 3.

On trouve également, dans les districts de Gorj et Vâlcea, des calcaires diversement colorés, dans lesquels on a rencontré des fragments de *Belemnites* indéterminables et des sections de gastropodes (Dobriţa).

La position de ces calcaires n'est pas encore fixée. Les régions où ils existent sont indiquées, sur la carte dressée par le Bureau géologique roumain, par la teinte bleue, représentant le Jurassique (1).

La principale région où cette série prenne un grand développement est la partie comprise entre les vallées de la Dimboviţa et de la Prahova. Dans cette région, les études récentes, surtout celles de M. Popovici-Hatzeg, ont bien fixé la position stratigraphique des différentes couches.

D'après cet auteur (2) le Jurassique supérieur est représenté par des calcaires qui reposent en transgression, tantôt sur les couches du Jurassique moyen, tantôt directement sur les schistes cristallophylliens ; les assises du Jurassique supérieur sont formées par un calcaire généralement blanc, massif et réciforme qui passe insensiblement à des marnes calcaires appartenant au Barrémien.

La délimitation des étages est difficile à cause du passage pétrographique insensible d'une couche à l'autre.

---

(1) Harta geologica generala a Romanici, lucrata de membrii Biuroului geologic, sub directiunea D. Gr. Stefanescu. Feuilles : I, II, V, VI.

(2) POPOVICI-HATZEG. Note préliminaire sur les calcaires tithoniques et néocomiens des distr. Muscel, etc., *B. S. G. F.*, 3ᵉ sér., t. XXV.

ID. Nouvelles observations sur le Jurassique supérieur de Rucar (Roumanie). *B. S. G. F.*, 3ᵉ sér., t. XXVI, p. 122.

a) Néanmoins on peut distinguer, à la base, un horizon renfermant une faune qui permet de placer ces assises à la base de l'**Oxfordien inférieur,** à la limite même des couches calloviennes terminales à *Cardioceras Lamberti.*

b) Au-dessus vient une succession de calcaires blancs caractérisés à leur base par une faune à affinités jurassiques, correspondant aux couches de Stramberg, et à leur partie supérieure par une faune appartenant aux couches berriasiennes et néocomiennes. La même faune berriassienne se trouve dans les calcaires de Piatra Arsă du massif de Bucegi. Il en est de même pour les autres massifs calcaires de cette région. Il est probable que les calcaires du district de Gorj et de Valcea, dont le caractère pétrographique est sensiblement le même que celui de la région comprise entre Dambovița et Prahova, est de même âge, ce qui ne pourra être confirmé qu'à la suite de recherches minutieuses qui devront être faites dans la région indiquée.

Quant aux autres formations comprises entre les vallées de la Prahova, de la Doftana et du Teleajen, figurées d'après les études de M. Botea comme jurassiques (1), M. Popovici-Hatzeg les rapporte au Néocomien (2).

A partir de cette région, on ne rencontre nulle part, en suivant la chaîne des Carpathes roumaines à l'est et

---

(1) Harta geologica a Romaniei lucrata de membrii Biur. Geol. F., n° xv.

(2) Popovici-Hatzeg. Sur le Jurassique des districts de Muscel, etc. *Bull. Soc. de Sciinte din Bucuresci,* 11 Nov. 1896.

au nord dans la Moldavie et jusque dans le district de Neamțu, de formations attribuées au Jurassique. Dans ce district il y a une formation de calcaires, de grès et de calcaires schisteux hydrauliques, qui est considérée comme jurassique par M. Botea, par analogie avec celle de la vallée de Prahova ; mais, comme cette dernière est plus récente, le Jurassique du district Neamțu doit disparaître, à moins que l'on ne trouve des documents autres que ceux qui ont guidé l'auteur dans son assimilation.

DOBROGEA

Généralités. — Le développement des couches jurassiques dans ce pays est peu considérable ; on voit quelques affleurements disséminés, qui se font jour au milieu de la masse énorme de terrains crétacés qui constitue la plus grande partie de la Dobrogea centrale et méridionale. Les environs de Cekirgeoa, Topal, Hirşova, Carjelar, Enisala, Midia et la région comprise entre Cokargea, Ghiolpunar, Polucci, Garliţa et Vlahchioi sont les seuls points où l'on trouve des dépôts de cet âge.

Je ne connais pas de couches se rapportant avec certitude au LIAS, car les calcaires de Başchioi, considérés par Peters comme appartenant au Lias, sont d'après leur faune nettement triasiques, comme je l'ai déjà montré en donnant la description du système triasique.

Donc le Jurassique inférieur n'est pas représenté dans la Dobrogea.

Jurassique moyen. — Le seul point où le Jurassique moyen soit connu avec un certain degré de certitude, est Enisala. En effet dans cette localité, située au nord-est de la ville de Babadag, on peut voir une colline sur laquelle se trouvent les ruines d'une citadelle et qui est formée de couches calcaires inclinées sur lesquelles repose à l'est en transgression un grès calcaire jaunâtre rempli de débris de Crinoïdes et de fragments d'Huîtres, appartenant à la base ou à la partie moyenne du Crétacé supérieur. La colline elle-même est formée de calcaire de couleur jaunâtre, grisâtre, tacheté de rouge, très friable et rempli de Crinoïdes, de Brachiopodes et d'Huîtres, mais dont l'état de conservation est très mauvais. Pourtant j'ai pu y recueillir le plus souvent des échantillons parfaitement déterminables, à savoir :

Terebratula cf. *globata* Sow.

— cf. *perovalis* Sow.

Waldheimia sp.

Terebratulina sp.

Terebratella sp.

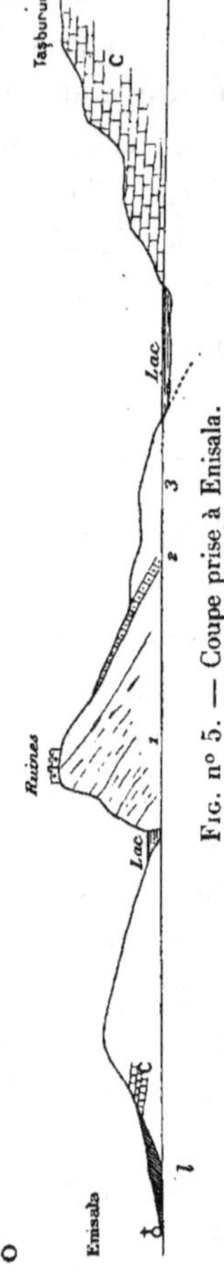

Fig. nº 5. — Coupe prise à Enisala.

C Calcaire et grès (le calcaire est plutôt une brèche avec fragments de Crinoïdes et d'Exogyres). — 1. Calcaire grisâtre passant vers la partie supérieure à un calcaire blanchâtre, avec taches rouges. — 2. Niveau calcaire pétri de Brachiopodes, Crinoïdes, Ostracées. — 3. Calcaire rose jaunâtre dur et sans fossiles. — *l* Loess.

Pecten sp.

Ostrea sp.

Pinna sp.

Ces fossiles, notamment les deux premiers, ont été trouvés aussi dans les Carpathes (Strunga), ils indiquent la présence probable, sinon certaine, du **Bajocien** au même titre que celui du mont Strunga ; Peters cite encore à Enisala

Terebratula ovoides Sow.

Gryphæa dilatata Sow.

— *calceola* Quenst.

Hinnites sp.

Dysaster sp.

D'après cette faune, ainsi que d'après celle que j'ai trouvée moi-même, il est probable que les couches jurassiques de Enisala doivent appartenir au Bajocien supérieur ou peut-être au Bathonien.

Néanmoins, d'après M. Pompeckj, les fossiles qu'on trouve dans les calcaires blancs avec taches rouges et dans la brèche calcaire d'Enisala, appartiennent à une faune crétacée, probablement cénomanienne (1). On peut opposer à cette manière de voir les arguments suivants : 1° au point de vue paléontologique, la faune de Brachiopodes est presque identique à celle du mont Strunga (Carpathes); 2° au point de vue stratigraphique,

---

(1) POMPECKJ. Palæontologische und stratigraphische Notizen aus Anatolien. I der Lias am Kessiktasch. W. von Angora, nebst Bemerkungen über Verbreitung des Lias im Ostmediterranen Juragebiet in der *Zeitschr. Deutsch. Geol. Ges.*, 1897, Heft I.

les couches calcaires et gréseuses qui reposent en discordance sur les calcaires à Brachiopodes sont cénomaniennes ou tout au plus du Turonien supérieur ; rien n'autorise à admettre un mouvement d'émersion entre ces deux termes.

CARJELAR. — Un deuxième affleurement de couches qui peuvent être attribuées au Jurassique moyen, se trouve situé tout près (au sud) du village de Carjelar, sur la route de Kanatcalfa. On peut observer, surgissant de la puissante masse de loess, un banc de calcaire grisâtre, dont on ne peut ici voir le contact avec les couches plus anciennes, mais plus au sud, sur la partie orientale de la vallée de Picineaga, ce même calcaire repose en discordance sur des schistes verts et des tufs diabasiques paléozoïques.

Voici la coupe que j'ai relevée sur ce point.

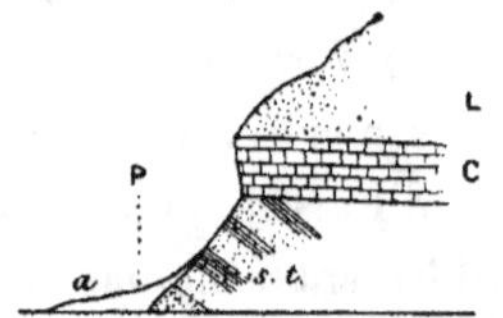

FIG. nº 6. — Coupe prise sur la route de Carjelar à Kanatcalfa.

P. Vallée de Picineaga. — *a.* Alluvion. — *s.* Schistes verts. — *t.* Tufs verts (diabasiques).— C. calcaire grisâtre avec fossiles très mal conservés : Crinoïdes, etc. — L. Loess.

Les fossiles dans le banc calcaire C superposé aux schistes verts sont très rares, néanmoins les crinoïdes et les polypiers, très mal conservés d'ailleurs, se rencontrent souvent ; j'ai pu cependant reconnaître la présence de Pectens, de Lima, de Térébratules, dont les

ANASTASIU.   5 formes ont beaucoup de ressemblance avec celles d'Enisala ; il me semble même que plusieurs peuvent leur être indentiques. Dans ce même calcaire Peters dit avoir trouvé *Rhynchonella concinna* Sow.

M. Pompeckj (1) a trouvé à Carjelar des couches calcaires avec une faune composées de Polypiers, d'Acéphales, de Brachiopodes, associés à des *Ellipsactinies*, ce qui rapprocherait ces calcaires des assises à *Terebratula janitor* de Sicile, qui appartiennent au Jurassique supérieur.

Je n'ai donc pas eu la bonne fortune de recueillir dans cette localité des matériaux suffisamment bien conservés pour faire des déterminations rigoureuses permettant de fixer l'âge de ces calcaires ; toutefois les rapports stratigraphiques et les caractères pétrographiques sont à tous les point de vue semblables à ceux qu'on observe à Enisala.

De plus, les Brachiopodes, quoique peu déterminables, ne semblent pas différer de ceux d'Enisala. Je crois donc devoir admettre jusqu'à nouvel ordre l'ancienne manière de voir de Peters, qui les considérait comme appartenant au « Dogger ».

Nulle part ailleurs on ne voit de formations qui par leurs caractères puissent se rattacher au Jurassique moyen.

Jurassique supérieur. — La série jurassique supérieure est bien plus développée que la précédente ; elle

---

(1) Pompeckj. *Loc. cit.*, p. 808.

offre de nombreux affleurements, tant sur les bords du Danube que sur les rives de la mer Noire. Dans plusieurs endroits même les fossiles sont très abondants et relativement bien conservés, de sorte que la délimitation des étages peut se faire avec certitude.

Je vais étudier les principales localités où l'on peut facilement suivre la succession de ces couches :

Hîrşova. — Au nord-ouest de la ville de ce nom se trouve le village de Varoş. Entre ces deux localités existe une élévation qui s'avance dans le Danube pour se terminer sous forme de falaise abrupte de plus de 5o mètres de hauteur ; à son pied viennent s'étaler les formations alluviales.

Les couches qui constituent cette petite colline plongent légèrement du côté du nord-ouest (Varoş). Au delà de Varoş et tout à fait à l'ouest, au point nommé Baroiu, il y a une falaise dans laquelle on peut observer, aux endroits où il n'y a pas d'éboulements, des couches sensiblement horizontales, formées de marnes argileuses grisâtres ou jaunâtres avec lentilles de grès quartzeux très dur et de même couleur, supportant des calcaires gréseux plus ou moins compacts, remplis de rognons siliceux.

Toute la roche est extérieurement, par suite d'actions secondaires, imprégnée d'oxyde de fer, ce qui lui donne une coloration rouge.

Les fossiles ne sont pas rares, mais leur état de conservation est généralement assez mauvais ; j'ai trouvé dans les marnes qui sont à la base : *Collyrites analis* ou *Col. elliptica* Des Moulins, ce qui indiquerait, soit la partie supérieure du Bathonien, soit la présence du Callovien. Quoi qu'il en soit, il est évident que ces assises représentent un niveau appartenant au Jurassique moyen ou au Jurassique supérieur.

Dans les calcaires gréseux jaunâtres qui viennent au-dessus j'ai trouvé :

Belemnites sp.

Pecten cf. *capricornus* Noet.

Rhynchonella sp.

Terebratula cf. *bullata* Ziet.

Ces couches se terminent à une faille comblée par les dépôts alluviaux, de l'autre côté desquels se trouvent, à la même hauteur, les couches calcaires de Varos. Dans cet endroit on peut observer un puissant développement de calcaires blancs, plus ou moins marneux, remplis de silex, dans lesquels les fossiles sont mal conservés et rares. Néanmoins j'ai pu recueillir des fragments des Perisphinctes ; avec ceux-ci il y a encore :

Perisphinctes Wartæ Buk.

Terebratula cf. *Zieteni* de Lor.

Rhynchonella sp.

Polypiers et

Cidaris (baguettes).

Cette faune, que l'on retrouve au sud à Cekirgeoa, localité encore située sur les bords du Danube, est nettement rauracienne.

Dans les calcaires marneux de Hirşova (Varoş), Peters dit avoir trouvé les fossiles suivants :

Rhynchonella lacunosa Schloth.

Terebratula formosa Suess

Phylloceras biplex Sow.

Phylloceras tortisulcatum d'Orb.

Cidaris (baguettes).

Astrocœnia sp.

Il attribue ces couches, ainsi que celles de Topal, dont je donnerai la description plus loin, aux couches de Stramberg (1).

En remontant le Danube, on peut observer une grande falaise à Celea Mare, où il y a des carrières établies dans les calcaires blancs, plus ou moins compacts alternant avec des couches argilo-calcaires, mais dans lesquelles on ne trouve pas de fossiles ; néanmoins, d'après leurs caractères pétrographiques, ces calcaires paraissent bien être les mêmes que ceux de Hirşova (Varoş).

Plus au sud, tout près du village de Ghisdaresci, on peut observer à la base de petites falaises qui surgissent de l'alluvion, des couches calcaires complètement rubéfiées qui ne sont pas autre chose, du moins d'après leurs caractères pétrographiques, que les calcaires qui forment la base des falaises de Băroiu.

Cekirgeoa. — Au nord-ouest du village de Topal sur les bords du Danube et en face de l'île de Veriga se trouve une falaise qui termine la colline nommée Cekirgeoa. Cette colline est constituée par des calcaires sans stratification bien nette, fortement diaclasés et renfermant des rognons de silex ; les couches sont sensiblement horizontales.

---

(1) Peters (K.-F.). *Loc. cit.*, p. 43.

Grâce aux nombreux travaux faits pour l'extraction du calcaire, exploité pour la fabrication du ciment, dans la carrière « Mariella » ouverte dans cette falaise, j'ai pu recueillir une riche faune composée de Brachiopodes, d'Ammonites, d'Acéphales, de Spongiaires, d'Échinides, etc., qui rappellent les invertébrés qui caractérisent le faciès vaseux du Corallien, c'est-à-dire le Rauracien et le Séquanien de Crussol du Malm inférieur du Portugal (Lusitanien de M. Choffat) (1). Sur une distance de plus de 400 mètres, le long du Danube, on peut relever la coupe suivante :

1° A la base, un calcaire blanc siliceux, très dur, sans fossiles, qui prend un développement plus grand au sud, au delà de Topal, dans la localité nommée ALVANESCI, où les couches sont faiblement ondulées ;

2° Calcaire jaunâtre plus ou moins compact, rempli de petites cavités tapissées de cristaux de calcite et dans lequel on trouve des Ammonites et des Brachiopodes en abondance ;

3° Calcaire en bancs épais, argilo-marneux, plus ou moins crayeux par places, blanchâtre, alternant avec des calcaires durs jaunâtres en plaquettes. Ce calcaire renferme en outre de nombreux cordons de rognons de silex très développés et régulièrement étagés de bas en haut. Cet horizon calcaire atteint une épaisseur de plus de 20 mètres ;

-----

(1) CHOFFAT. Description de la faune jurassique du Portugal. Lusitanien de la contrée de Torres Vedras. *Tr. Géol. Portugal*, 1893.

4° Couche de gravier ferrugineux, masqué généralement par le loess, très réduit d'ailleurs dans cette
région.

Il est très difficile de faire une distinction bien nette
entre les différentes couches qui affleurent dans cette

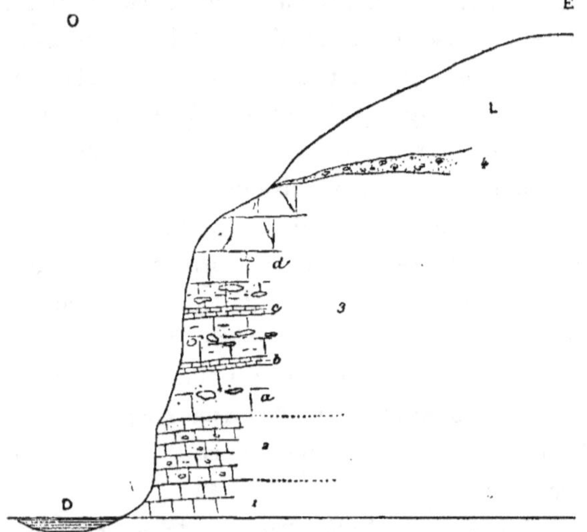

FIG. nº 7. — Coupe relevée sur les bords du Danube, à Cekirgeoa.

D. Danube. — 1. Calcaire blanc siliceux, sans fossiles. — 2. Calcaire jaunâtre
avec *Pelt. bimammatum*. — 3. Calcaire argilo-marneux, alternant avec lits
minces de calcaire dur. — *a*. Zone qui contient encore *Pelt. bimammatum* et
Aspidoceras hypselum. — *d*. Zone à grandes: *Perisphinctes Lothari*, *P. polyplocus*, etc. — 4. Graviers ferrugineux. — L. Loess.

localité, néanmoins la présence de *Peltoceras bimammatum* Quenst, dans le calcaire jaunâtre (assise nº 2),
indique le Rauracien. Cette forme est très abondante dans
cette dernière assise, où elle est accompagnée de quelques

Perisphinctes de petite taille mal conservées et de nombreux Brachiopodes, notamment:

Rhynchonella trilobata Münst.

Terebratula Zieteni de Lor.

Terebratula cf. *bicanaliculata* Ziet.

Au-dessus, dans le banc calcaire marneux (assise nº 3) et tout à fait à sa base j'ai recueilli encore des *Peltoceras* identiques à ceux de la couche nº 2, mais avec ceux-ci j'ai trouvé des Aspidoceras que j'ai rapportés aux *Aspidoceras hypselum* Oppel. Ce qui frappe dans ce banc calcaire c'est l'abondance des Perisphinctes et des Brachiopodes qui pullulent ; j'ai pu reconnaître :

Perisphinctes Mazuricus Buk.

— *Wartæ* Buk.

— *Fontannesi* Choffat

— *Crussoliensis* Font.

— cf. *Roubyanus* Font.

Terebratula Zieteni de Lor.

Terebratula Moravica Suess

— cf. *bisuffarcinata* Schloth.

— *n. sp.* aff. *lampas* Quenst.

Rhynchonella inconstans Sow.

Megerlea sp. aff. *pectunculus* Schloth.

Terebratella Kurri Opp.

Belemnites cf. *semisulcatus* Münst.

Pecten sp.

Cidaris sp.

Rhabdocidaris sp.

Hexactinellidés,

Scyphia sp. aff. *radiata* Roem.

Vers la partie supérieure de l'assise n° 3 *(d)* les Perisphinctes encore très nombreux prennent une taille relativement considérable par rapport à ceux qui se rencontrent à la base du même banc *(a)*. J'ai déterminé les formes suivantes :

Perisphinctes cf. *Achilles* D'Orb.
—   *subrota* Choffat
—   *Lothari* Oppel
—   *polyplocus* Reinecke

Il y a donc à la base des calcaires qui constituent l'assise n° 3 une faune qui est rauracienne et à leur partie supérieure une faune qui est essentiellement séquanienne par des Perisphinctes. Cette faune indique un faciès paléontologique très semblable à celui du Séquanien du Château de Crussol, dans le Midi de la France, et à celui du Lusitanien du Portugal, tous les deux caractérisés par la prodigieuse richesse de formes du genre *Perisphinctes*.

J'ai également recueilli dans la partie supérieure de ce banc calcaire quelques Térébratules très voisines de *Terebratula subsella* Leym., qui caractérise encore le Séquanien supérieur ou bien le Kimeridgien inférieur.

Je ne saurais trop insister sur l'importance de cette localité fossilifère, qui indique que dans cette région il existe des étages du Jurassique supérieur plus anciens que le Portlandien et par conséquent non comparables aux couches de *Stramberg*, avec lesquelles Peters les avait assimilés.

Topal. — Le pays compris entre Topal et Boasgic au sud forme un petit plateau entrecoupé de petites vallées, sur les flancs desquelles, ainsi que sur les bords du Danube, on peut observer des couches plus ou moins ondulées, formées par des calcaires durs, blancs et sans fossiles ; néanmoins à Topal, au point nommé « Valea Tătarului », on trouve une riche faune formée presque exclusivement de Brachiopodes.

En effet, dans cette localité, on peut observer une succession de calcaires blancs jaunâtres, durs, disposés en couches horizontales et renfermant de nombreuses cavités remplies de cristaux de calcite. Par suite de la dureté de la roche, les fossiles sont très difficiles à dégager ; cependant j'ai recueilli des Brachiopodes, des Gastropodes et des Acéphales, parmi lesquels j'ai pu déterminer :

Rhynchonella trilobata Münst.
          —   *inconstans* Sow.
Terebratula Zieteni de Lor.
          —   cf. *bicanaliculata* Ziet.
          —   *immanis* Zeusch.
Megerlea cf. *trigonella* Schloth.
Zeilleria n. sp.
Pecten sp.
Lima sp.
Cardita sp.
Trochus speciosus Münst.

Les Zeilleria notamment sont très nombreuses. Cette faune permet donc, surtout par la présence de *Rh. trilobata, Ter. bicanaliculata* et *Zieteni*, de rapprocher ces couches de celles de Cekirgeoa, et par conséquent de les rapporter au Rauracien et au Séquanien, sans que l'on puisse toutefois démontrer que sur ce point la distinction entre ces deux étages soit possible.

Les falaises calcaires situées au sud des points nommés ALVANESCI et CALACHIOI et dans lesquelles il y a de nombreuses carrières, présentent des assises qui ne contiennent pas de fossiles ; cependant par leurs rapports stratigraphiques ainsi que par leurs caractères pétrographiques ces assises se relient intimement aux calcaires de Topal et par suite doivent être considérés comme étant de même âge.

Le Jurassique de Topal, d'après la faune citée par Peters présente le faciès de Stramberg (1), il renferme :

Terebratula Tichaviensis Suess

—   *mitis* Suess

—   *Bilimecki* Suess

—   *pectunculoides* Schloth.

Pecten equatus Quenst.

— cf. *spathulatus* Roemer

Cardita extensa Goldf.

Trochus sp.

Littorina (Turbo) ornata Sow.

Nerinea cf. *conoidea* Peters

Calamophyllia sp.

Foraminifères

Crustacés (pinces).

Le seul point fossilifère de cette localité, est la « Valea Tătarului », dans laquelle on trouve la faune si riche en Brachiopodes que j'ai déjà décrite.

------

(1) PETERS (K.-F.) Grundlinien zur Geologie, etc., p. 43.

Comme il n'y a plus de doute que les couches à *Peltoceras bimammatum* ne soient rauraciennes, il s'ensuit par conséquent que les couches de Topal (Valea Tatarului), qui contiennent un grand nombre de formes identiques à celles de Cekirgeoa, sont aussi de même âge. Néanmoins, il est à remarquer qu'avec ces fossiles on trouve encore de nombreux Brachiopodes, dont les ressemblances avec les formes de Stramberg ont conduit Peters à assimiler les couches de Topal avec les assises du Tithonique supérieur; il ressort donc de ce qui précède que les couches de cette région sont indubitablement d'un âge plus ancien que Peters ne le croyait.

Nulle part ailleurs, en dehors des points que j'ai cités, on ne trouve d'affleurements calcaires renfermant une faune de Céphalopodes.

Il y a cependant dans la région septentrionale et orientale de la Dobrogea un affleurement calcaire qui a été attribué par Peters et ensuite par M. Gr. Stefănescu au Jurassique supérieur.

En effet, à l'est de Beibugeac, on voit un système de petites collines, qui porte le nom de CARABAIR, bordé à l'est par le Dunavet; ce système se termine au sud vers le lac Razelm. Les assises qui constituent ces petites collines paraissent reposer au nord et à l'ouest sur les couches triasiques.

Sous une épaisse nappe de loess, apparaissent des strates formées de calcaires de couleur jaunâtre, recouvertes par des grès également jaunâtres, le tout légèrement incliné vers le S.E.

Dans les calcaires Peters cite (1) :

Rhynchonella lacunosa Schloth.

Ammonites colubrinus Rein.

—   *biplex* Sow.

—   *tortisulcatus* d'Orb.

Lima sp.

Je n'ai pas eu la bonne fortune de trouver des fossiles dans cette localité, malgré mes minutieuses recherches. Néanmoins, d'après la liste que donne Peters, il est à remarquer que le Jurassique de cette localité doit être un peu plus ancien que celui des localités situées sur les bords du Danube, à l'ouest. La présence de *Phylloceras tortisulcatum* ainsi que le faciès pétrographique bien différent, en seraient une preuve ; toutefois, il n'y a pas lieu de se prononcer sur l'existence de l'étage Callovien terminal ou bien de l'Oxfordien.

Dans la grande vallée de Cernavoda, on peut observer à l'ouest de la ville de Medgidie de petites collines formées par des couches d'un calcaire blanc ou jaune, plus ou moins compact, siliceux par places et dont les seuls restes fossiles se réduisent à des moules de *Nérinées* très mal conservés. Ces couches supportent le Crétacé inférieur. La présence de Nérinées dans ces calcaires n'est pas un élément suffisant pour les placer dans le Jurassique ; mais en tenant compte de ce que

---

(1) PETERS (K. F.). *Loc. cit.*, p. 45. Les fossiles n'ont pas été recueillis sur place, mais dans des blocs calcaires, qui étaient apportés de cette colline, dans le village, par les paysans, pour la construction d'une bordure de puits.

le caractère pétrographique est le même qu'à Alvănesci et à Calachioi, je crois pouvoir les rapporter, mais avec doute, au Jurassique supérieur.

Région de Cokargea, Enigea, Polucci, Ghiol-Punar, Esenchioi. — Les couches jurassiques de cette région forment un plateau rocheux, dans lequel sont creusés des vallées et des ravins plus ou moins profonds. Ces assises sont recouvertes en stratification concordante par le Sarmatien ou bien sont complètement dénudées. Elles présentent en outre d'étroits rapports avec les couches gréseuses de Kioseler (d'âge crétacé), qui viennent s'interposer entre celles-ci et le Sarmatien, lequel forme partout les corniches des hautes vallées (Borungea).

Au point de vue pétrographique, les couches jurassiques que je viens de signaler sont composées essentiellement de calcaires blancs, durs, rarement bréchoïdes, très compacts, et dans lesquels il y a de pětites grottes. Ces calcaires sont superposés à des calcaires blanc jaunâtre, remplis de *Crinoïdes* et de *Rhynchonelles* indéterminables. Leur épaisseur varie suivant les endroits où on les observe (2 à 20 mètres).

Dans la vallée de Jortmac ils ne forment que de petits bancs tandis que dans d'autres localités (Esenchioi, Polucci, etc.) ils constituent des couches de plusieurs mètres d'épaisseur, disposées horizontalement. Ces couches calcaires sont divisées par des fissures en nombreux fragments cimentés par du loess ou de la terre végétale, ce qui leur donne l'aspect de gigantesques murailles ; de là la légende qui dit que ces couches sont les murailles d'anciennes cités disparues. Les fossiles y sont très rares et ils sont mal conservés. Peters dit avoir trouvé sur les parois calcaires de Polucci des restes de *Calamophyllia* et à Cokargea :

Terebratula Tichaviensis Suess

—   *formosa* Suess

Ces formes lui ont permis de rapprocher ces couches de celles de Topal et par conséquent de considérer le Jurassique de cette région comme un représentant des couches de Stramberg.

J'ai pu reconnaître en plusieurs endroits des sections de Nérinées, des Astartes, des Montlivaultia, des Térébratules, mais tellement mal conservées qu'il est impossible d'en donner une détermination spécifique et par suite de préciser le niveau de ces calcaires, d'une façon plus exacte ; néanmoins j'ai trouvé entre Lipniţa et Ghuivegea, au point nommé Moara Paşei, des calcaires jaunâtres remplis de Crinoïdes et de Brachiopodes, notamment des Rhynchonelles qui sont voisines de *Rh. inconstans* Sow. mais dont l'état de conservation ne permet pas une détermination précise. Ce qu'il est important de signaler dans cette localité, c'est surtout la présence de Rhynchonelles rappelant les formes de Cekirgeoa.

A Parachioi et à Esenchioi, etc., on peut observer que ces calcaires supportent des strates horizontales de calcaire blanc, rempli de fentes et de veinules de calcite.

D'après leurs caractères paléontologiques on peut rapporter ces couches jurassiques (au moins les calcaires à Rhynchonelles) au mênie étage que celles de Cekirgeoa et de Topal, c'est-à-dire au Rauracien-Séquanien.

En dehors des localités que je viens de décrire, nulle part dans la partie méridionale et centrale de la Dobrogea, jusque sur les rives de la mer Noire, on ne rencontre d'affleurements qui puissent être attribués au système Jurassique.

Sur les rives de la mer Noire, au nord de la ville de Constanţa, entre le lac Siut-ghiol au sud et les falaises de Caraharman au nord, mais plus particulièrement sur les escarpements formant les rives du lac Tuzla, Tăşăul et Siutghiol, on voit des affleurements de calcaires en couches horizontales (1), reposant sur les schistes verts, presque verticaux (Caraharman, Midia). Ces calcaires supportent à leur tour soit le Crétacé (Palazu), soit le Sarmatien, qui remonte jusque sur le plateau de Hamamgi. Parmi ces affleurements, en partie envahis par les dunes, il convient de citer notamment celui qui forme les falaises du cap Midia.

CAP MIDIA (fig. n° 8). — En ce point, on peut observer des calcaires jaunâtres, durs, remplis de *Pecten*, de *Terebratula* et de baguettes de *Cidaris*, paraissant identiques à ceux de Topal.

Les couches dont je viens de parler sont surmontées de calcaires blancs plus ou moins crayeux, sans fossiles qui, plus au sud, paraissent passer (2) au-dessus des cal-

---

(1) Il est à remarquer que les affleurements calcaires de Canara se présentent en couches relativement dérangées.

(2) Les rapports stratigraphiques de ces calcaires avec le calcaire sableux

caires sableux, jaunâtres, à faciès pétrographique très analogue à celui des couches de Carabair.

Ces calcaires, très durs d'ailleurs, renferment beaucoup de Polypiers et des moules d'Acéphales, notamment :

Ctenostreon sp.

Pecten fibrosus Goldf.

Trigonia sp.

Les couches calcaires de cette localité forment de petites falaises, dont le bas est en partie envahi par les dunes et dont la partie supérieure est recouverte soit par le loess, soit par des argiles avec nombreux cordons miocènes de marnes et de concrétions gypseuses très développées.

Plus au sud-ouest, les rives du lac Tăşaul présentent presque la même succession que celle qui se voit au cap Midia.

Pour moi, il n'y a pas de doute sur l'âge des calcaires à Cidaris et à Térébratules. Ils appartiennent au même étage que les formation

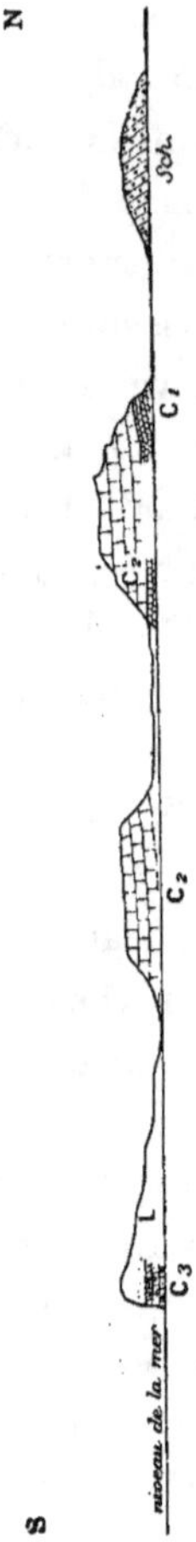

Fig. n° 8. — Coupe prise le long de la Mer Noire au Cap Midia.

Sch. Schistes verts et conglomérats. — C₁. Calcaire jaunâtre dur rempli de baguettes de Cidaris (faune de Topal). — C₂. Calcaire plus ou moins marneux, crayeux, sans fossiles. — C₃. Calcaire sableux avec Polypiers et moules de Lamellibranches. — L. Loess.

au sud sont masqués par l'éboulement produit pas le loess, tandis que plus au nord ce sont les dunes qui envahissent les bancs calcaires, de façon que les rapports avec les schistes verts sont invisibles.

de Topal, c'est-à-dire au Rauracien et au Séquanien. Quant aux calcaires siliceux, par leur faciès différent, ainsi que par leur faune, ils me paraissent un peu plus anciens que le Rauracien.

Je ferai encore remarquer que les calcaires siliceux ont des analogies de faciès avec ceux de Carabair ; il en est de même de leur faune, qui indiquerait peut-être des couches appartenant à l'Oxfordien au même titre que celles de Carabair.

Canara. — Au sud du cap Midia et sur les bords du lac Siut-ghiol, on peut observer des collines plusieurs fois fracturées et dans lesquelles les couches sont, soit horizontales, soit plus ou moins plissées et diversement colorées : les calcaires blancs dominent.

Sur ces calcaires et plus au sud, viennent les couches du Crétacé supérieur représentées par l'argile à Baculites.

Dans les exploitations faites à Canara pour l'extraction de la pierre destinée à la construction du port de Constanţa, j'ai cherché des fossiles sans réussir à en découvrir.

Pourtant Peters dit avoir trouvé dans les calcaires de cette localité un fragment bien douteux qui lui rappelait *Megerlea ambitiosa* Ss., ce qui l'a conduit à les considérer comme jurassiques ; mais il fait des réserves et considère ces couches comme pouvant être crétacées.

Sur la carte géologique de la Roumanie de M. Gr. Stefănescu (1) on peut observer, à côté de la ville de

____

(1) Gr. Stefanescu. Curs de geologie. Bucuresci, 1890, cu o hartă geologică.

Tulcea, deux îlots jurassiques, situés au milieu du loess en pleine région triasique. D'après ce même auteur, il existe dans la partie occidentale du district de Tulcea de nombreux îlots, formés de calcaires jurassiques (1). M. G. Stefănescu n'ayant jusqu'à présent rien publié qui indique l'âge exact de ces îlots, je les cite seulement pour mémoire.

Résumé. — Le système Jurassique est relativement bien représenté dans la Dobrogea et occupe surtout la partie occidentale et méridionale du grand Plateau Dobrogien.

De rares affleurements se retrouvent au nord et à l'est, sur les bords de la mer Noire, formant comme une sorte de bordure aux terrains crétacés.

Les couches qui le constituent sont généralement horizontales, souvent fossilifères et peuvent être rapportées au Jurassique moyen et supérieur.

JURASSIQUE MOYEN. BAJOCIEN. BATHONIEN. — Les étages qui forment cette série sont peut-être représentés par les couches de Carjelar et d'Enisala, dans lesquelles on rencontre :

Terebratula ovoides Sow.

    —   *globata* Sow.

Ces formes se retrouvent dans les couches du mont Strunga (Carpathes), qui appartiennent aux assises à *Parkinsonia Parkinsoni* et *Cœloceras Humphriesianum*.

JURASSIQUE SUPÉRIEUR. CALLOVIEN. OXFORDIEN. —

---

(1) DANESCU. *Dictionarul geografic* al Jud. Tulcia, p. 547.

Les plus anciennes couches appartenant à cette série se rencontrent à Hirşova (Băroiu) et sont représentées par une succession de calcaires rubéfiés, marno-gréseux avec tendance oolithique et dont la base est formée par une marne contenant :

Collyrites analis ou *elliptica* Des Moulins.

Ces Echinides indiquent, au moins pour la base de cette succession, la partie terminale du Bathonien ou bien le Callovien.

Je rapporterai provisoirement les affleurements jurassiques de Carabair (dans lesquels Peters a trouvé *Phylloceras tortisulcatum)* et ceux de Midia (calcaires à *Pecten fibrosus)* au Jurassique supérieur.

Rauracien. Séquanien et Kimeridgien. — Je rapporte à ces étages les importantes masses calcaires qui forment les bords du Danube entre Hirşova (Varoş) et Boasgic. On trouve notamment dans les couches calcaires de Cekirgeoa trois faunes :

A. Première faune composée de :

Rhynchonella trilobata Münst.

Terebratula Zieteni de Lor.

— *bicanaliculata* Ziet.

Peltoceras bimammatum Quenst.

Cette liste indique indubitablement que ces couches (assise n° 2) appartiennent au Rauracien.

B. Au-dessus vient un ensemble de couches calcaires et marneuses, remplies de rognons de silex, et dont les passages des unes aux autres sont insensibles. Néanmoins dans cet ensemble (assise n° 3) on peut distinguer à la base un niveau *a* renfermant de nombreux Brachiopodes et des Céphalopodes spéciaux, ainsi que de rares *Peltoceras* qui se retrouvent déjà dans le banc inférieur, avec :

Aspidoceras hypselum Oppel

Perisphinctes Mazuricus Buk.

— *Wartæ* Buk.

— *Fontannesi* Choffat

— *Crussoliensis* Font.

— cf. *Roubyanus* Font.

Terebratula Moravica Suess

— cf. *bisuffarcinata* Schloth.

Rhynchonella inconstans Sow.

Terebratella Kurri Oppel.

Ces fossiles constituent la deuxième faune, caractéristique de cette localité.

C. — Vers la partie supérieure de l'assise nᵉ 3 *(d)* on peut recueillir une faune (troisième faune), formée surtout de grands Perisphinctes :

Perisphinctes cf. *Achilles* d'Orb.

— *subrota* Choffat

— *Lothari* Oppel

— *polyplocus* Reinecke.

On rencontre aussi de rares exemplaires de *Terebratula subsella* Leym.

Il est bien difficile de faire une distinction nette entre le Rauracien et le Séquanien ; mais, en se basant sur la prédominance des formes, on peut considérer les faunes A et B comme appartenant au Rauracien et la faune C comme ayant des rapports étroits avec le Séquanien.

Tableau n° 3. — Indiquant les divisions introduites dans les formations jurassiques de la Dobrogea et leur parallélisme.

ÉTAGES	DOBROGEA					CARPATHES ROUMAINES
	ENISALA	HIRSOVA (BAROIU)	CAP MIDIA	CEKIRGEOA	TOPAL	
PORTLANDIE.	—	—	—	—	—	Calcaire blanc, massif, réciforme avec faune tithonique et berriasienne (Délu Sasului, Piatra arsâ).
KIMERIDGIEN.	—	—	—	—	—	—
SEQUANIEN.	—	—	—	Calcaires marneux avec : *Per. polyplocus* Reinecke — *subrota* Choffat — *Lothari* Oppel — cf. *Achilles* D'Orb. *Terebratula subsella* Leym. *Perisphinctes Wartœ* Buk. — *Mazuricus* Buk. — *Fontannesi* Choff. — *Crussoliensis* Font. Calcaires marneux avec : *Aspidoceras hypselum* Opp. *Rhynchonella inconstans* Sow. Calcaires durs avec : *Ter. Zieteni* de Lor. *Rhynch. trilobata* Münst. *Peltoceras binammatum* Quenst.	Calcaire blanc jaunâtre avec : *Rh. trilobata* Münst. — *inconstans* Sow. *Ter. immanis* Zeusch. *Megerlea trigonella* Sch.	—
RAURACIEN.	—	—	Calcaire à baguettes de *Cidaris.*			
OXFORDIEN.	—	Calcaires et marnes à *Collyrites*	Calcaires gréseux avec *Pecten fibrosus.*	—	—	Calcaires à *Phyll. tortisulcatum* (Valea Lupului).
CALLOVIEN.	—			—	—	Calcaires de la zone à *Coel. Humphriesianum.*
BATHONIEN.	Calcaire tacheté bréchoïde avec: *Ter. globata* Sow.	—	—	—	—	Calcaires de la zone à *Park. Parkinsoni* (mont Strunga).
BAJOCIEN.	— *ovoides* Sow.	—	—	—	—	

En résumé, cet ensemble de couches présente une faune qui a beaucoup d'affinités avec les faunes séquaniennes classiques (calcaire de Crussol et Lusitanien du Portugal, etc.).

Le Jurassique des autres localités de la Dobrogea est représenté par des calcaires dans lesquels les fossiles sont très rares et mal conservés. Les Ammonites surtout font complètement défaut, mais par contre les Brachiopodes présentent toujours le même caractère que ceux de Topal, et par conséquent tous ces affleurements doivent être placés dans le Jurassique supérieur au même titre que les couches de Topal.

Il n'y a donc dans la Dobrogea, d'après ce que je viens d'exposer, aucun représentant net du Jurassique supérieur des Carpathes (Tithonique et Berriasien).

Les couches jurassiques supérieures de la Dobrogea représentent des étages plus anciens que le Portlandien, étages qui, ainsi que je l'ai précédemment indiqué (1) n'avaient pas été signalés dans la Dobrogea et qui n'existent pas dans le versant roumain des Carpathes.

III

SYSTÈME CRÉTACÉ

Carpathes (Versant Roumain). — Le système crétacé occupe une large bande le long des Carpathes roumaines. Il est représenté par ses deux grandes divisions, le Crétacé inférieur et le Crétacé supérieur.

---

(1) Anastasiu (V.). Note préliminaire sur la constitution géologique de la Dobrogea. *B. S. G. F.*, 3e sér., t. XXIV, p. 595.

Série crétacée inférieure (1). — Le Crétacé inférieur est constitué par des calcaires, des marnes, des grès et des schistes, mais la séparation en étages bien distincts n'est pas encore suffisamment faite pour toutes les régions où affleure ce terrain. Il repose presque partout en discordance sur les schistes archéens et les calcaires métamorphiques, mais parfois aussi en concordance sur les calcaires du Jurassique supérieur (Tithonique), dont il est très difficile de le séparer.

Dans la région occidentale, notamment dans le district de Gorj, il y a un puissant développement de calcaires compacts contenant des *Rudistes*, des *Belemnites*, des traces d'*Ammonites*.

Le BERRIASIEN et le NÉOCOMIEN sont représentés dans les massifs de Piatra Craiului, Piatra Arsă; j'ai déjà cité le premier de ces étages à l'occasion du Jurassique supérieur.

Dans le district de Suceava, il y a également des représentants du Crétacé inférieur (Petrele Dcamnei), constitués soit par des grès argilo-schisteux tendres, de couleur bleu-jaunâtre, dans lesquels M. Gr. Stefănescu a trouvé plusieurs fragments d'*Acéphales* et des *Ammonites* dont la détermination spécifique n'était pas possible; en même temps il cite *Belemnites dilatatus*, ce qui lui permet de rapporter ces grès schisteux au Néocomien (2). Dans ce même district le Crétacé inférieur

---

(1) Relatiune sumara pe anul 1883. *Anuaral biuroului geologic.* An I. 1882-83, p. 5o.

(2) Relatiune sumara. *An. biuroului geologic.* An III, 1885. Bucuresci, 1888, p. 5o.

est représenté par une succession de grès et de marnes.

Le groupement en étages de ces différentes assises n'est pas encore fait ; cependant M. Gr. Stefănescu y a trouvé les espèces suivantes (1) :

Pholadomya elongata Münst.

Ancyloceras furcatus d'Orb.

Hamites Royerianus d'Orb.

Lima neocomiensis d'Orb.

Inoceramus concentricus Sow.

— *mytiloides* Münst.

Astarte formosa Fitt.

Hemiaster bufo Desor.

D'après cette liste (2) il conclut à la présence des étages : Néocomien, Albien, Cénomanien et Turonien.

Il est évident que cette faune indique la présence du Néocomien et même du Barrémien.

Le BARRÉMIEN est surtout bien représenté dans les districts de Muscel et de Dâmboviţa. Il a fait l'objet de nombreuses études de la part de plusieurs géologues, notamment MM. Herbich, Grégoire Stefănescu, Cobâlcescu, Uhlig, Simionescu et Popovici-Hatzeg.

Dans cette région le sommet des plateaux est formé soit par des conglomérats cénomaniens, soit par des calcaires jurassiques ; au fond des vallées on trouve des

---

(1) *Loco cit.*, p. 52.

(2) M. Sava Athanasiu, dans son travail sur la géologie du district de Suceava (*Bull. Soc. de Sciinte Buc.* An VII, n° 1, 1898), conteste les déterminations faites par M. Gr. Stefanescu ; mais il cite, en outre, la présence de Réquiénies, ce qui confirme la présence du Crétacé inférieur, mais avec un autre faciès.

marnes plus ou moins gréseuses, qui renferment une riche faune de céphalopodes très caractéristique.

Crioceras Emerici d'Orb.

Silesites Seranonis d'Orb.

— *vulpes* Coq.

Holcodiscus Gastaldii d'Orb.

Desmoceras difficile d'Orb.

Série crétacée supérieure. — Le Crétacé supérieur est peu connu sur le versant roumain des Carpathes, sauf dans les monts Bucegi et les régions avoisinantes.

En effet, dans cette région, il est représenté par une succession de grès et de conglomérats (conglomérats de Bucegi) sur lesquels reposent des marnes diversement colorées. Les fossiles sont extrêmement rares, ce qui rend l'étude stratigraphique très difficile. Le groupe de grès et de conglomérats de Bucegi a été tour à tour placé par les différents géologues qui se sont occupés de la région, soit dans le Crétacé inférieur, soit dans le Crétacé supérieur, soit même dans l'Eocène inférieur.

C'est grâce aux études de M. Popovici-Hatzeg (1) que la place de ces conglomérats est actuellement fixée. En effet, d'après ce dernier auteur, par suite de leurs caractères stratigraphiques et paléontologiques, les conglomérats de Bucegi doivent être placés dans le CÉNOMANIEN.

Le SÉNONIEN est bien développé dans les districts de Muscel, Dambovița, Prahova, Buzeu.

Il est formé dans les districts de Dambovița et de

---

(1) POPOVICI-HATZEG. Sur l'âge des conglomérats de Bucegi. *B. S G. F.*, 3ᵉ sér., t. XXV, p. 669.

Prahova par des marnes vertes ou rouges dans lesquelles
M. Gr. Stefănescu cite (1) :

Echinoconus conicus Breyn.

—   *vulgaris* Breyn.

Micraster coranguinum Ag.

Belemnitella mucronata d'Orb.

M. Popovici-Hatzeg a également trouvé dans cette
région des *Bel. mucronata* et des plantes.

Il faut donc distinguer dans le Crétacé supérieur
des Carpathes roumaines deux étages :

a) Inférieur, représenté par des grès et conglomérats,
correspondant au Cénomanien ;

b) Supérieur, formé en grande partie par des marnes
avec une faune correspondant au Sénonien.

Quant au Turonien, à part une vague indication de
M. Gr. Stefănescu à propos du Crétacé du district de
Suceava, on n'a encore cité nulle part de couches
appartenant à cet étage (2).

En outre, dans la partie occidentale de la Roumanie,
au delà de la rivière d'Oltu à Brezoiu, dans le district de
Valcea, M. Redlich cite des calcaires et des grès à *Orbi-
toides*, dans lesquels il a trouvé : *Hippurites radiosus* Des
Moulins, *Radiolites* sp., *Terebrirostra* n. sp. (3), fossiles
qui indiquent un Sénonien à faciès tout à fait différent

---

(1) *An. biur. geol.* An III, 1885, p. 46.

(2) Je dois ajouter que tout récemment M. S. Athanasiu (Ueber die
Kreideablagerungen bei Glodu in den nordmoldauischen Karpathen, *Verh.
d. k. k. Geol. Reichsanst,* 1898, n° 3) confirme la présence du Turonien dans le district de Suceava.

(3) Redlich (K.-A.). Geologische Studien in Rumänien II. *Verh.
k. k. Geol. Reichsanstalt,* 1896, p. 492.

de celui des autres points des Carpathes, mais comparable à celui des côtes océaniques de France (Royan).

DOBROGEA

Généralités. — Les terrains crétacés jouent un rôle considérable dans la constitution de la Dobrogea ; ils occupent la plus grande partie de la région centrale et méridionale, formant tantôt des collines onduleuses garnies d'une riche végétation (région forestière de Ciucurova, Slava, Babadag, etc.), tantôt un plateau faiblement ondulé pourvu, surtout dans sa partie occidentale, le long du Danube, de dépressions dans lesquelles se sont formés de nombreux lacs ; ce plateau constitue la région agricole de la Dobrogea.

Les couches crétacées sont généralement horizontales, mais leurs contacts avec les formations plus anciennes sont très difficiles à voir ; néanmoins là où l'on peut les observer, elles reposent toujours en discordance sur les terrains plus anciens, soit sur les schistes verts paléozoïques (Alahbair), soit sur le Trias (région de Babadag), ou bien encore sur le Jurassique supérieur (Canara). Le Sarmatien recouvre les dépôts crétacés dans la partie méridionale de la Dobrogea. Dans les endroits où il manque, c'est le Loess qui vient se superposer directement aux strates crétacées.

Le terrain Crétacé, au point de vue pétrographique, est constitué par des marnes, des grès, des sables, des conglomérats, des schistes argileux, de la craie blanche traçante et des calcaires de nature très variable, tantôt

durs, compacts et siliceux, argileux ou crayeux, tantôt
oolithiques ou remplis de Foraminifères ou de Crinoïdes. Ces roches forment des couches qui se rapportent
les unes au Crétacé inférieur et les autres au Crétacé
supérieur.

Série crétacée inférieure. — Cette série, peu développée, comprend les couches calcaires et gréseuses
qui bordent le Danube entre Rassova et Seimeni et qui
forment des falaises, généralement à pic ; ces falaises
s'étendent à l'est dans l'intérieur du pays, jusqu'à une
ligne passant par Mircea-Voda, Vlahchioi, Rassova.

Les affleurements de cette série inférieure, en dehors
de la ligne du Danube, sont très rares par suite soit du
plongement des couches, soit de l'épais manteau de loess
qui les masque complètement.

La couleur et la composition des strates sont en générale tellement semblables que ce n'est qu'avec
beaucoup de difficulté, surtout lorsque les fossiles
manquent, que l'on arrive à établir nettement dans
cette série deux subdivisions : *a)* division inférieure
caractérisée par une succession de calcaires et de
marnes, correspondant au Néocomien et au Barrémien,
b) division supérieure qui occupe une étendue très
réduite, et qui est formée de grès, d'argiles et de sables,
correspondant à l'Aptien et à l'Albien.

Néocomien. Barrémien. — Les principaux affleurements de ces étages se trouvent à Cernavoda, Cokirleni, Rassova, sur les bords du Danube. Il existe encore
quelques petits affleurements dans l'intérieur du pays,
notamment dans la vallée de Cernavoda (le long de la

ligne de chemin de fer de Cernavoda-Constanța); le dernier de ces affleurements apparaît sous les sables aptiens en face de la gare de Mirceavoda. Celui de la ville de Cernavoda est le plus fossilifère et présente la succession la plus variée et par conséquent la plus intéressante. En effet, dans cette localité, on peut voir deux falaises coupées à pic ; l'une d'elles, celle du sud de la ville, supporte le pont Carol Ier. Elles présentent toutes les deux, au-dessus des eaux moyennes du Danube, une hauteur de plus de 5o mètres ; leur sommet est formé par le loess (plus de 10 mètres). Les couches crétacées constituent un complexe d'assises argilo-calcaires et marneuses, dans lequel on peut relever une coupe, qui a fait l'objet d'une étude très détaillée de la part de Peters (1). Il a pu recueillir une riche faune, composée de nombreux fossiles, parmi lesquels, malgré le mauvais état de conservation, il a cru reconnaître :

Pterocera Oceani Brongn.

Natica macrostoma Röm.

   — *globosa* Röm.

Nerinea Moreana d'Orb.

   — *Bruntrutana* Thurm.

   — *nodosa* Voltz

   — *sequans* Thirr. ?

   — *Mariæ* d'Orb.

   — *tuberculosa* Röm.

Trochus Aigionoides Peters

---

(1) Peters (K.-F.). Grundlinien zur Geographie und Geologie der Dobrudscha. Wien, 1867, p. 34.

Diceras (Chama) speciosa Münst.

— *minor* Desh. var. *gigantea* Haiding.

— *monstrum* Peters

Perna subplana Etallon

Trigonia plicata Ag.

Arca reticulata Quenst.

Hemicardium sp.

Lima cf *spectabilis* Contej.

— *Picteti* Etallon

— *corallina* Etallon

Calamophyllia Stokesi M. Edw. et Haime

— cf *radiata* M. Edw. et Haime

Astrocœnia bulgarica Peters.

Cette faune le conduit à assimiler ces couches avec celles des « Kimmeridge Thone » et des « Diceras-Schichten (1) » du Jura Bernois et des environs de Besançon, tout en faisant remarquer que les assises de Cernavoda présentent de nombreuses particularités. En outre, il faisait de nombreuses réserves sur la détermination spécifique de certains fossiles, même sur ceux qui étaient les plus importants pour établir le synchronisme de ces différentes assises.

En effet, les fossiles de cette localité, comme cela arrive pour les fossiles du Crétacé inférieur du Portugal, de l'Espagne, de la Suisse et du Midi de la France, se trouvent le plus souvent à l'état de moules, ce qui rend l'identification très difficile.

------

(1) Peters. *Loco cit.*, p. 42.

C'est ainsi que pour *Pterocera Oceani*, il dit qu'il est extrêmement difficile de distinguer la forme de Cernavoda de *Pt. pelagi* Desor, qui est une forme franchement crétacée (néocomienne).

Pour les *Natices*, il constate également que les formes de Cernavoda possèdent une taille beaucoup plus grande que les espèces coralliennes figurées par Credner et Goldfuss; pour les *Nérinées* et surtout pour *N. nodosa* Voltz, il reconnaît que l'ornementation de la forme de Cernavoda n'est pas exactement la même, mais il persiste à croire que malgré cette différence il peut encore l'assimiler à celle-ci, d'autant plus que la forme type monte dans le Corallien; toutefois il conserve certains doutes. Quant au *N. sequans* Thirr., il admet que l'état de conservation ne lui permet pas une attribution précise.

En ce qui concerne la présence des nombreuses formes et variétés de *Diceras*, il avait d'abord pensé que bien des formes rappelaient les *Requiénies*; mais cependant il écarte tout rapport avec ce dernier genre. D'autre part, l'étude des Foraminifères qui se trouvent dans les calcaires de Cernavoda, formant à eux seuls un banc, presque oolithique, exclut (d'après Reuss) toute possibilité de rapporter ces assises au Crétacé; les Foraminifères qu'on y trouve appartiennent aux formes jurassiques coralliennes.

Ce n'est donc qu'avec une certaine restriction que Peters assimilait ces couches au Jurassique supérieur. D'autres auteurs ont cependant déjà placé ces couches dans le terrain Crétacé.

C'est ainsi que M. Michel (1) avait considéré le plateau de la Dobrogea méridionale comme étant formé de calcaires et de grès appartenant au Néocomien.

Plus tard M. Gr. Stefănescu, dans son Cours de géologie (2), cite la présence de couches calcaires crétacées dans le district de Constanţa, dans lesquelles il a trouvé des *Rudistes*, sans toutefois donner des noms génériques et sans indiquer la localité précise. Peters, lui-même, déclare avoir trouvé un fragment qu'il avait pensé un moment attribuer à un Rudiste, attribution à laquelle il renonça après l'avoir montré aux paléontologistes de Vienne, qui ne confirmèrent pas sa détermination.

M. Toula, dans son travail sur la géologie de la Bulgarie (3), avait marqué sur la carte qui l'accompagne et qui comprend aussi la partie méridionale de la Dobrogea, avec la couleur indiquant le Crétacé, une région avoisinant la ville de Medgidie, tandis qu'il marquait comme jurassique le rivage du Danube à Cernavoda. Plus tard il considère cette région comme appartenant au Crétacé inférieur (4), sans toutefois donner les preuves paléontologiques de cette manière de voir.

----

(1) Michel. Note géologique sur la Dobrogea entre Rassova et Küstendgé. *B. S. G. F.*, 2e sér., t. XIII, 1856, p. 539.

(2) Gr. Stefanescu. Curs de geologie. Buc., 1890.

(3) Toula (Fr.). Reisen und geologische Untersuchungen in Bulgarien. *Verein. nat. Kenntn.* XXX Bd. Wien, 1890, p. 436.

(4) Toula (Fr.). Eine geologische Reise in die Dobrudscha. *Vorträge des Vereins zur Verbreitung naturwissensch. Kenntn.* Wien., XXXIII, Jahrg. H. 16, 1893.

. Anastasiu.

Il était donc intéressant de reprendre la question et je crois pouvoir fournir des arguments décisifs en faveur de l'âge crétacé des couches de Cernavoda.

Voici la coupe que j'ai relevée :

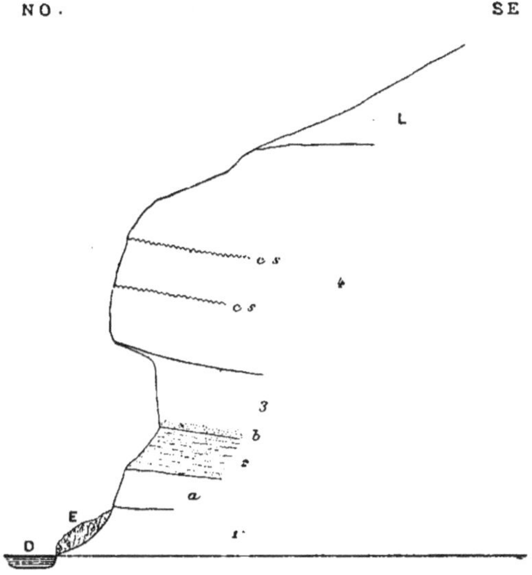

Fig. nº 9. — Coupe prise dans la falaise qui supporte le pont Carol I
à Cernavoda.

D. Danube. — E. Eboulis. — L. Loess. — 1. Calcaire argileux-crayeux-blanchâtre dans les cassures fraîches. — a. Niveau fossilifère. — 2. Marne jaune avec tubulures. — 3. Calcaire blanc-jaunâtre rempli de Foraminifères à la base (b). — 4. Calcaire dur rempli de Rudistes de grande taille. — cs. Cordons sableux plus ou moins ferrugineux.

Assise nº 1. — Cette assise est formée par un calcaire en partie argileux, gris verdâtre, mais blanc et crayeux dans les cassures fraîches ; elle est en grande partie recouverte par les éboulis, mais dans sa partie supérieure j'ai recueilli de nombreux fossiles, parmi lesquels j'ai reconnu :

Harpagodes n. sp. (aff. *H. Ribeiroi* Choff.)

Natica cf. *similimus* Choff.

   » » *hemisphærica* Röm.

Tylostoma cf. *naticoides* P. et C.

Fusus sp.

Nerinea cf. *Guinchoensis* Choff.

   — *Fleuriausa* d'Orb.

Trochus cf. *maliotiosus* de Lor.

Assise n° 2. — Cette assise est représentée par un banc de marne jaune, se divisant en plaquettes rectangulaires et remplie de tubulures souvent ferrugineuses.

Les fossiles y sont rares, néanmoins les Acéphales sont assez abondants, mais tous à l'état de moules; aussi leur détermination ne peut-elle être faite exactement.

Assise n° 3. — Elle est formée d'un banc calcaire, ordinairement blanc, passant au jaune dans le prolongement vers le sud.

Ce calcaire présente à la base un aspect oolithique par suite de l'énorme développement des Foraminifères; en outre il offre la particularité de contenir beaucoup de chlorure de sodium, dont l'origine est difficile à expliquer.

Ce calcaire renferme une riche faune, composée de Gastropodes, d'Échinides, d'Acéphales et surtout de Polypiers ; dans ce banc on rencontre de rares Rudistes de petite taille, surtout aux endroits riches en Polypiers et en Nérinées ; ils deviennent d'une abondance prodigieuse dans l'assise supérieure. Je dois faire remarquer que ce banc contient presque toutes les formes du banc n° 1 auxquelles viennent s'ajouter des Échinides, des Polypiers et surtout de petits Rudistes nouveaux.

En effet, j'ai pu recueillir :

Harpagodes n. sp. (aff. *H. Ribeiroi* Choff.)

Cylindrites cf. *disjuncta* de Lor.

Gastrochæna cf. *astræarum* P. et C.

Janira cf. *valangiensis* P. C.

Janira n. sp. (aff. *J. quadricostata* d'Orb.)

Terebratula valdensis de Lor.

  —   cf. *sella* Sow.

  —   *prælonga* d'Orb.

Salenia cf. *foliumquerci* Desor

Acrosalenia patella Desor

Pseudodiadema cf. *Grasi* Desor

Requienia gryphoides Math.

Requienia sp.

Montlivaultia Lmk.

Thamnastrea sp.

Astrocœnia sp.

Stylina sp.

Calamophyllia sp.

Assise n° 4. — C'est un banc puissant de calcaire jaunâtre, plus ou moins marneux à la base, tandis qu'à la partie supérieure il est dur et rempli de Rudistes accompagnés des Polypiers qui se trouvent déjà dans l'assise n° 3, de Nérinées de grande taille et de rares Trigonies. Dans ce banc les Rudistes sont tellement nombreux qu'il est presque impossible de casser un morceau de calcaire sans en apercevoir plusieurs. Malheureusement ils se trouvent, ainsi que la plupart des autres fossiles, à l'état de moules.

En coulant dans les cavités de la roche du plâtre ou un composé à base de cire, et en traitant ensuite par l'acide, procédé que je dois à M. Munier-Chalmas j'ai pu obtenir des moulages qui m'ont permis de connaître les formes suivantes :

Monopleura cf. *pinguiscula* White

Gyropleura sp.

Requienia gryphoides Math.

Requienia n. sp.

Nerinea cf. *Blancheti* P. et C.

   — cf. *Renauxiana* P. et C.

   — n. sp.

Eustoma sp.

Parmi les Polypiers je signalerai une espèce probablement nouvelle, très remarquable par le fait qu'elle présente les caractères d'un Tétracoralliaire, forme rappelant le genre *Lingulosmilia* Koby.

Latéralement, vers Hinogu, ce banc calcaire devient complètement marneux ; les Rudistes disparaissent, mais les Trigonies deviennent abondantes, mais mal conservées, et accompagnées d'*Ostrea* qui forment de véritables bancs où l'on peut recueillir :

Ostrea Couloni d'Orb.

   — *Leymeriei* Desh.

Ostrea tuberculifera (Koch et Dunk.) Coq.

Serpula sp.

Pholadomya elongata Münst.

Trigonia ornata d'Orb.

Trigonia rudis Park.

Cardium sp.

Opis ?

Astarte sp.

Au nord de Cernavoda en face de l'abattoir on peut relever la coupe suivante :

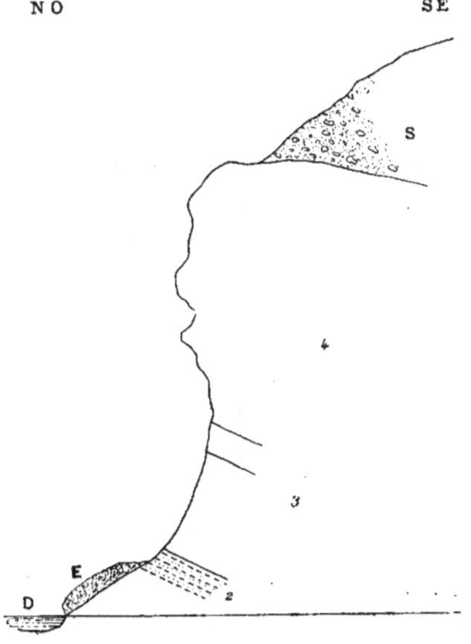

FIG. n° 10. — Coupe prise dans la falaise nord de Cernavoda.

D. Danube. — E. Eboulis. — S. Sable et graviers à bois silicifié. — 2. Marnes jaunes. — 3. Calcaire blanc-jaunâtre. — 4. Calcaire dur jaunâtre ou blanchâtre avec nombreux Rudistes de grande taille et Nérinées.

Cette section montre que la succession des couches est la même que dans la falaise qui supporte le pont, avec la seule différence que, par suite d'une faille, les couches ne se correspondent plus. Ainsi le premier banc que l'on voit à la base de la falaise et qui s'enfonce sous le Danube, est la marne jaune, au-dessus de laquelle vient le calcaire blanc, mais ici les Foraminifères sont rares ; les Gastropodes le sont également, sauf *Cylindrites* qui est très abondant. Les Brachiopodes sont notamment très nombreux, tandis que les Rudistes de petite taille sont extrêmement rares ; il en est de même des Nérinées. Le banc calcaire qui vient au-dessus renferme des Rudistes de grande taille et des Nérinées ; c'est précisément là que Peters a trouvé le fragment qu'il avait attribué à un Rudiste.

Plus au nord, entre la ville de Cernavoda et le village de Seimeni, toujours sur les bords du Danube, et avant d'arriver aux falaises sarmatiques, très développées à Seimeni, les calcaires à Rudistes ne sont plus que rarement visibles ; néanmoins, en certains points, notamment à Zăvoiu, on voit un calcaire jaune, rempli de Polypiers branchus et de Bryozoaires, dans lequel j'ai trouvé :

Rhynchonella depressa Quenst.

— cf. *Valangiensis* de Lor.

Ces couches supportent des marnes et des grès, dans lesquels on peut recueillir de nombreuses *Ostrea* de petite taille, notamment :

Ostrea tuberculifera d'Orb.

Ces marnes et ces grès sont surmontés par des sables, des graviers et du loess, qui par suite d'éboulements viennent la plupart de temps masquer les affleurements des couches calcaires.

On peut donc sans hésitation, d'après la liste des

fossiles que l'on rencontre à Cernavoda, rapporter les couches qui les contiennent au Crétacé inférieur, mais il est très difficile de déterminer la limite des différents étages. Pourtant, je pense qu'en prenant pour guide, d'un côté l'abondance des Gastropodes et des Acéphales à faciès néocomien, et de l'autre côté les Rudistes, on peut établir deux divisions, sans toutefois pouvoir indiquer d'une façon nette leur ligne de séparation.

Ainsi l'ensemble des assises n°s 1, 2, 3, c'est-à-dire le calcaire argileux de la base, les marnes jaunes à tubulures et le calcaire blanc, rempli de Foraminifères, pourront être considérés comme formant l'étage néocomien, caractérisé par la faune suivante.

Harpagodes n. sp. (aff. *H. Ribeiroi* Choffat)
Natica cf. *similimus* Choffat.
    — cf. *Pilleti* Choffat
Nerinea Fleuriausa d'Orb.
Gastrochæna cf. *astrearum* P. et C.
Janira cf. *valangiensis* P. et C.
Janira n. f. (aff. *J. quadricostata* d'Orb.).
Terebratula valdensis de Lor.
    — cf. *sella* Sow.
    — cf. *prælonga* d'Orb.
Rhynchonella depressa Quenst.
    — cf. *Valangiensis* de Lor.
Cerithium Aubersonense P. et C.
Acrosalenia patella Desor
Salenia cf. *foliumquerci* Desor
Pseudodiadema cf. *Grasi* Desor
Requienia gryphoides Math.

Requienia cf. *eurystoma* P. et C.
Montlivaultia sp.
Thamnastrea sp.
Stylina sp.
Astrocœnia sp.
Calamophyllia sp.
Foraminifères.

Il est encore impossible de pouvoir distinguer différentes zones dans la succession de Cernavoda : mais ce qui frappera, c'est surtout l'extrême ressemblance que ces assises présentent avec les couches néocomiennes de la Suisse (Sainte-Croix), avec celles du Portugal (région de Cintra, Bellas, Lisbonne) et de l'Espagne (Piso Aptico de Landerer).

L'absence complète de Céphalopodes dans cette région rend leur synchronisme extrêmenent difficile.

Quant à la deuxième division elle comprendra le banc calcaire pétri de Rudistes, de Nérinées de grande taille. Ce serait un représentant des CALCAIRES URGONIENS du Midi de la France, représentant le Barrémien sans Céphalopodes.

En dehors de cet affleurement néocomien-barrémien (Urgonien), il existe encore le long du Danube, vers le village de RASSOVA, quelques petits affleurements qui présentent les mêmes caractères que celui que je viens de décrire.

Ils ne présentent rien de bien remarquable, sauf celui situé entre le village de COKIRLENI et de RASSOVA. En effet, au sud-ouest du village de Cokirleni on peut observer, sur les bords du Danube, une falaise formée à la base par un calcaire blanc qui supporte une succession de couches d'argiles et de marnes. Le sommet de cette falaise est constitué par du loess et des calcaires oolithiques, appartenant au Sarmatien et qui reposent en discordance angulaire sur les couches que je viens de citer. Les bancs de marnes renferment de rares Huîtres, de grande taille, mal conservées, indéterminables spécifiquement, mais néanmoins présentant de grandes ressemblances avec *O. aquila*.

Les couches qui forment la base de la falaise sont constituées par un calcaire blanc rempli de Nérinées et surtout de :

Ichthyosarcolithes (Caprinules)

très mal conservés. Ces Rudistes surtout indiqueraient la présence, dans cette localité, de couches plus élevées que celles de Cernavoda et qui appartiennent peut-être à l'Albien. L'absence de documents plus nombreux et mieux conservés m'empêche pour le moment d'affirmer la présence de ce dernier étage ; mais je tenais à signaler la présence de ce genre, qui peut avoir une très grande importance stratigraphique.

Des affleurements analogues à celui de Cernavoda se rencontrent sur plusieurs points de la vallée de Cernavoda, jusqu'à peu près en face de la gare de Mircea-vodă.

Sans posséder de caractères spéciaux, la faune des calcaires de Cernavoda a cependant un faciès particulier, résultant de l'association d'espèces appartenant à plusieurs niveaux et de la proportion considérable de Rudistes et de Polypiers qu'elle renferme. *Cette faune*

appartient au type récifal et elle est analogue à celle
des calcaires à Requiénies du sud-est de la France.

APTIEN. — De cet étage, je ne connais que deux
affleurements fossilifères, l'un situé sur les bords du
Danube, en amont de Cernavoda et avant le village de
Cokirleni, au point nommé Hinogu, et l'autre formant
les falaises qui sont en face de la station du chemin de
fer de Mircea-vodă, dans la vallée de Cernavoda. Il est
formé de strates généralement horizontales (Mirceavodä),
ou bien inclinées (Hinogu).

HINOGU. — Dans cette localité, on peut voir que les
falaises qui bordent le Danube sont formées par des

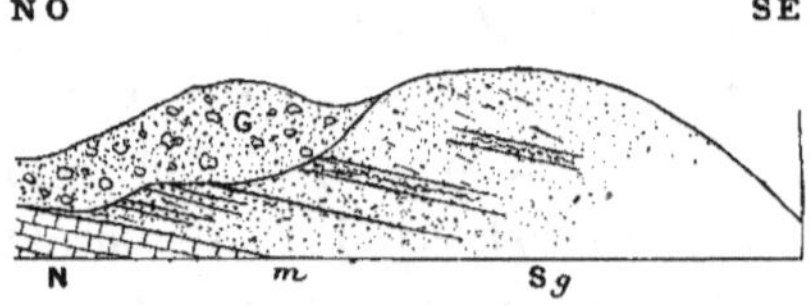

FIG. nº 11. — Coupe relevée le long du Danube au sud de Cernavoda
à Hinogù.

N. Calcaire jaune marneux avec Ostrea de Cernavoda. — *m*. Marnes et argiles
verdâtres. — Sg. Sables et grès glauconieux. — G. Sables et graviers avec tronc
de bois silicifié.

marnes et des argiles qui supportent des couches sa-
bleuses avec intercalation de bandes de grès ; ces couches sont un peu inclinées et reposent en transgression
sur le calcaire à *Trigonia* (fig. 11) de Cernavoda, qui
disparaît ici pour ne plus reparaître qu'au sud de
Cokirleni, à Rassova, et présente le caractère paléontologique que j'ai déjà indiqué.

Les couches de marnes et d'argiles de Hinogu renferment une faune dans laquelle on peut reconnaître les formes suivantes :

Ostrea cf. *arduennensis* d'Orb.

— *prælonga* Sharpe

— *aquila* d'Orb.

Il y a aussi de nombreux Gastropodes de petite taille, indéterminables même génériquement.

En outre les *Polypiers globuleux* sont très nombreux. Dans les sables et les grès on rencontre :

Ostrea cf. *canaliculata* Sow.

— *macroptera* Sow.

— *Nautilus* cf. *Bouchardianus* d'Orb.

Cette faune contient des formes qui se rencontrent aussi bien dans l'Aptien que dans l'Albien.

Il est donc possible qu'en cherchant de nouveaux documents, on puisse découvrir des formes nettement albiennes. En outre j'ai trouvé, au sommet de ces falaises gréseuses, un fragment d'Ammonite qui rappelle vaguement les *Schlœnbachia,* mais duquel je ne puis tirer aucune conclusion, la couche dont il provient m'étant absolument inconnue.

Dans la vallée de Cernavoda, entre la station de Saligny et Mircea-voda, on peut observer du côté droit de la voie ferrée une succession de falaises plus ou moins escarpées, formées par des sables fins, jaunâtres, faiblement glauconieux. De l'autre côté se trouvent des falaises formées uniquement de loess et de sables d'aspect absolument semblable. Il est bien probable que c'est à cause de cette similitude d'aspect que l'Aptien n'avait pas encore été signalé jusqu'à présent par les différents géologues qui ont parcouru cette région.

Dans les sables j'ai recueilli de nombreux fossiles, parmi lesquels je citerai :

Belemnites semicanaliculatus Blainv.

— *minimus* List.

Plicatula radiola Lam.

Ostrea cf. *canaliculata* Sow.

Epiaster polygonus Ag.

Dentalium sp.

Ophiura sp. etc.

Je dois ajouter que de tous ces fossiles ce sont surtout les Bélemnites qui abondent ; les autres genres sont très rares.

Il y a donc dans cette localité une faune caractéristique de l'Aptien, dans laquelle on rencontre aussi de rares exemplaires de :

Ostrea cf. *canaliculata* Sow.

J'ai rencontré également cette espèce à Hinog, ce qui m'a conduit à rattacher les couches de cette localité à l'Aptien.

Série crétacée supérieure. — La série crétacée supérieure occupe une surface beaucoup plus considérable que la série inférieure ; elle s'étend, au nord, jusque dans la vallée de Taiţa et au sud jusqu'au delà de Kioseler, dans la vallée de Borungea. Elle est constituée par des marnes fissiles, des grès, des argiles, des conglomérats à ciment glauconieux, des calcaires à crinoïdes ou foraminifères, tantôt compacts, tantôt vacuolaires, et par des assises de craie blanche traçante, *identique* à celle du bassin de Paris.

Cette série, qui est en transgression sur les terrains

plus anciens, est formée de strates qui reposent toujours en discordance soit sur les schistes verts antétriasiques (Alahbair, Ester), soit sur les calcaires triasiques (région du Babadag-Başchioi), soit sur les couches appartenant au Jurassique moyen (Enisala, Cazilcum, Carjelar), soit enfin sur celles du Jurassique supérieur (Canara, Medgidie). Elle conserve partout une horizontalité plus ou moins apparente, sauf dans la région de Murfatlar et Omurcea, où les couches sont inclinées O.E.

A la base de ces calcaires marneux, on voit au fond des ravins des calcaires à Crinoïdes (Babadag, Camber, Jidini) ou bien des grès calcaires rougeâtres, formés de Foraminifères microscopiques (Ortachioi); au sommet viennent des lits minces de marne fissile alternant avec des bancs calcaires (cap Dolojman).

Les couches sont généralement horizontales ou bien forment des anticlinaux peu accentués ayant une direction E.O. (Babadag). Sur ces assises, vers le sud, reposent soit le Sarmatien (Hamamgi), soit le Loess.

Les fossiles, comme je l'ai déjà dit, sont rares; néanmoins, on peut en recueillir quelques-uns dans les localités suivantes :

Babadag. — La ville de Babadag est située dans une dépression remplie de loess au pied de la montagne de Babadag, qui forme un dôme constitué par des bancs calcaires plongeant légèrement dans toutes les directions. Au nord-est de cette ville, dans un ravin situé derrière l'hôpital, on peut voir les couches calcaires qui constituent la montagne.

La série crétacée supérieure supporte soit le Loess,

soit le Sarmatien, qui forment des falaises en corniche et qui se distinguent très nettement des falaises crétacées par leur coloration et leur relief.

En raison de l'abondance des forêts, du nombre réduit des affleurements et surtout de la rareté excessive des fossiles, surtout dans les couches inférieures, la détermination exacte des étages et leur délimitation deviennent très difficiles. Pourtant j'ai trouvé quelques localités dans lesquelles j'ai pu recueillir des formes qui me permettent d'affirmer d'une façon certaine la présence du Turonien et du Sénonien ; quant au Cénomanien, son existence me parait encore très problématique.

Le long de la vallée de Slava, à partir de Atmagea et en passant par Cuicurova, Caugagia, etc., on peut voir des escarpements ou des collines formées par des assises marno-calcaires peut-être cénomaniennes, qui s'étendent sans changement appréciable jusqu'au cap Jancina et au cap Dolojman, pour passer dans l'île qui est située en face, dans le lac Razelm, et qui porte le nom d'île de Bisericuţa. Ces dernières assises supportent en ce point des calcaires gréseux remplis de crinoïdes qui, à leur tour, sont recouvertes de marnes fissiles. La coloration de ces couches est généralement d'un jaune plus ou moins accentué. Dans les calcaires gréseux, j'ai trouvé des *Inocérames,* des *Térébratules,* mais très mal conservés et indéterminables spécifiquement.

Dans les couches crétacées de Babadag, M. Gr. Stefănescu a trouvé des restes de plantes (1).

____

(1) Communication inédite de M. Gr. Stefănescu.

A l'est de la ville de Babadag, au cap Jancina et au cap Dolojman, à côté du village de Jurilofca, il y a des falaises qui bordent le lac Razelm et qui sont formées d'une succession de marnes, alternant avec des schistes marneux très fissiles, dans lesquels les empreintes d'*Inocérames* ne sont pas rares ; mais leur état de conservation est aussi mauvais que celui des formes de Babadag. Avec ces empreintes j'ai également trouvé une *Ammonite* de grande taille, mais malheureusement elle est aussi indéterminable.

Caugagia. — Sur le côté droit de la vallée de Slava, en descendant de Ciucurova, j'ai ramassé, en sortant du village de Caugagia, dans les éboulis d'une colline formée de marnes homogènes alternant avec des lits marno-gréseux, faiblement glauconieux, les fossiles suivants :

Nautilus cf. *elegans* Sow.

Exogyra columba Lam., var. *minor*.

Pecten sp.

Cyclolites sp.

Ces formes font penser à la présence du Cénomanien.

Alahbair. — Au nord-est du plateau de Topal se trouve la montagne de Alahbair (colline du Dieu) (1), en bas de laquelle est situé le village de Baltăgeşti.

------

(1) Cette colline est une fois par an le lieu de pèlerinage des rares Turcs qui habitent encore ce pays, et qui viennent chercher un remède divin dans les eaux, soigneusement captées, d'une fontaine placée sur les flancs de la colline.

On peut relever dans cette montagne la coupe suivante :

1) A la base, des schistes verts (antétriasiques), qui supportent en transgression 2) des couches horizontales d'un calcaire blanc-jaunâtre plus ou moins dur, dans lequel je n'ai trouvé que de rares empreintes d'*Exogyres* très mal conservées et indéterminables spécifiquement. J'ai également trouvé un fragment d'Ammonite roulée, parmi les galets de la base de cette colline ; mais il est aussi indéterminable, même génériquement et j'ai inutilement cherché le banc d'où il provenait.

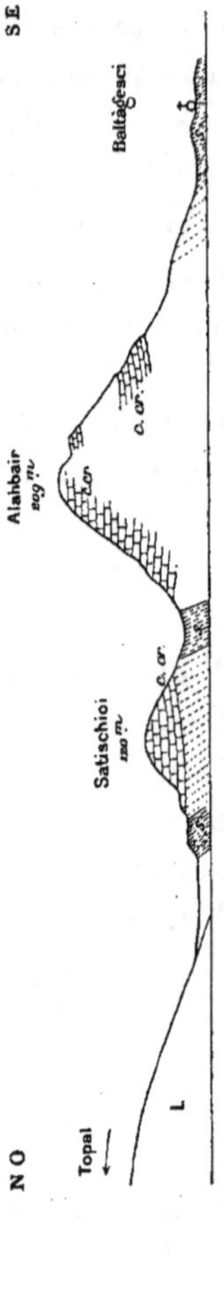

Dans cette même localité, Peters a trouvé :

Exogyra cf. *subcarinata* Münst., mais tellement mal conservée, qu'une assimilation avec *Exogyra columba* ne serait pas impossible ; un fragment de *Pecten* et une empreinte de *Inoceramus Cripsii*. Il a trouvé en outre *Terebratula carnea*, ce qui le conduit à assimiler ces couches au « Pläner » (1).

FIG. n° 12. — Coupe relevée au N. du village de Băltăgesci.

s. Schistes verts. — c. cr. Calcaire blanchâtre (jaunâtre), avec rares empreintes d'Exogyres. — L. Loess.

---

(1) PETERS. *Loco cit.*, p. 47.

Je tiens à remarquer que, nulle part dans ces dépôts, je n'ai rencontré des Rudistes.

Il résulte de tout ce que je viens d'exposer que les couches formant le Crétacé de ces diverses localités ne peuvent pas par leur faune se rattacher d'une façon certaine au Cénomanien, les espèces que j'ai trouvées, et même celles qu'on avait citées, étant aussi bien cénomaniennes que turoniennes. Peters n'a pas hésité à assimiler le Crétacé de cette région au Pläner (Crétacé supérieur de la région bohémo-saxonne).

Avant de passer à l'étude des couches à faune certainement turonienne, je tiens à signaler encore que Peters avait attiré l'attention sur la présence, dans la Dobrogea, du *Grès carpathique* rattaché au Crétacé supérieur. En effet, dans la région comprise entre les villages d'Ortachioi et Acpunar, il existe des couches gréseuses qui reposent sur les schistes anciens et qui à leur tour sont recouvertes par des couches que je considère comme pouvant se rapporter au Turonien. Ces couches ne contiennent pas de fossiles; mais, au point de vue pétrographique, elles ressemblent aux couches gréseuses qui sont développées vers le sud-est des deux dernières localités dont je viens de parler, couches qui par leurs rapports stratigraphiques peuvent être considérées comme appartenant au Turonien.

Turonien. — Les assises que je rapporte au Turonien sont très développées entre Facria et Medgidie, le long de la ligne du chemin de fer, et s'étendent au sud jusqu'au delà de la vallée de Peştera.

Les contacts de ces couches sont rarement visibles,

mais, lorsqu'on les voit, on constate que les couches turoniennes sont en discordance sur le Jurassique supérieur
(Medgidie).

D'une manière générale, le Turonien est formé par
des conglomérats à ciment calcaréo-gréseux, qui supporte des calcaires plus ou moins gréseux et quelquefois
glauconieux. Ces dernières assises sont recouvertes par
des calcaires sarmatiques ou par le Loess.

Cependant à l'intersection de la route de Mahmut
Cuius à Amzulia avec celle qui part de la ville d'Ostrov
à Medgidie, et tout près du village de PEȘTERA, on

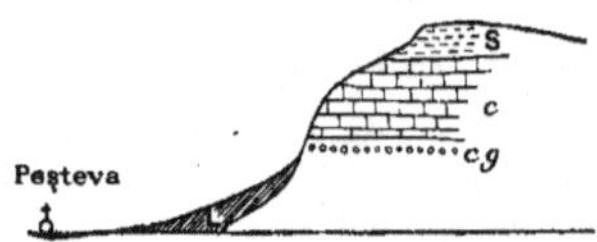

Fig. n° 13. — Coupe prise sur la route de Medgidie à Ostrov entre les
villages de Peștera et d'Amzulia.

cg. Conglomérat gréso-calcaire.— *c*. Calcaire à *Rhynch. Cuvieri* et Inocérames.
— S. Sarmatique. — L. Loess.

peut observer des collines formées de couches horizontales, dans lesquelles on distingue à la base un conglomérat gréso-calcaire faiblement glauconieux qui est sur-
monté par un calcaire gréseux, blanchâtre, à grain fin.
J'ai pu recueillir dans les conglomérats de la base les
formes suivantes :

Rhynchonella Cuvieri d'Orb.

Echinoconus subrotundus Ag.

Inoceramus cf. *labiatus* Schloth.

Dans les calcaires qui les surmontent, j'ai trouvé :

Hemiaster Leymeriei Desor

Cardiaster sp.

Echinoconus sp.

Il est à remarquer que ces couches sont remplies d'Echinides ; l'un d'eux, *Echinoconus subrotundus*, qui est toujours roulé dans le banc même où on le trouve, semble avoir été arraché à des couches plus anciennes, dont je ne connais pas encore le gisement.

De l'étude de cette faune, on peut conclure que les couches qui forment ces collines et qui sont couronnées par le Sarmatien doivent être rattachées sans hésitation à l'étage turonien.

On peut observer des affleurements de même nature pétrographique, mais sans fossiles, dans plusieurs autres localités, notamment à l'ouest de Medgidie, dans la vallée de Cernavoda, à Facria et au sud sur les bords du Danube avant d'arriver à Galiţa.

Sénonien. — Cet étage occupe la partie orientale du bassin crétacé de la Dobrogea ; on peut observer ses plus importants affleurements au nord de la ville de Constanţa, sur les bords du lac Siut-ghiol, à côté du village de Palazu et à l'ouest de la même ville entre Omurcea et Murfatlar, le long du chemin de fer.

Le Sénonien est formé à la base par une argile jaune sans silex, qui supporte des couches de *craie blanche identique* à celle du bassin de Paris ; toutes les assises sont horizontales et recouvertes par le calcaire sarmatique.

A Palazu, on peut observer des falaises formées à la base par une argile jaune, dans laquelle Peters a trouvé des *Baculites*, mais très mal conservées ; au-dessus viennent les couches de craie blanche traçante, renfermant des rognons de silex blonds et de silex zonés, avec de rares *Belemnitella mucronata* et des *Ostrea vesicularis*.

MURFATLAR. — Dans les collines qui sont en face de la gare de Murfatlar, existe un affleurement sénonien très développé, les couches de craie blanche fortement inclinées (O.E.) alternant avec des lits minces d'argile

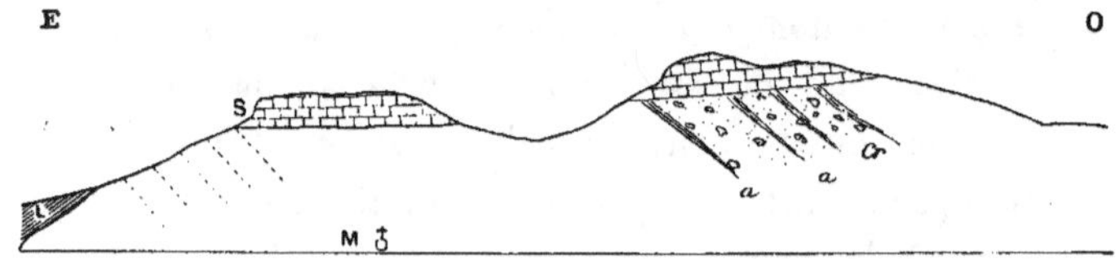

FIG. nº 14. — Coupe prise en face de la gare de Murfatlar.

s. Sarmatique (calcaire). — *cr.* Craie blanche avec rognons de silex noir alternant avec intercalations de petits lits argileux *(a)*. — M. Gare de Murfatlar.

grisâtre. Les collines dont je viens de parler sont recouvertes par le Sarmatien, dont la transgression est très remarquable surtout vers le sud.

J'ai pu recueillir, dans les couches crayeuses à rognons de silex noir, les fossiles suivants :

Rhynchonella limbata Schloth.

— cf. *plicatilis* Sow.

Rhynchonella sp.

Offaster pilula Ag.,

formes *identiques* à celles qui caractérisent la craie de Meudon.

On voit donc, d'après cette faune, que les couches sénoniennes de cette région appartiennent à l'Aturien, dans lequel il y a lieu de faire deux subdivisions :

1° L'horizon inférieur, représenté par la craie de Murfatlar à silex noir, qui serait un représentant de la zone à *Belemnitella quadrata* ;

2° L'horizon supérieur, formé par l'argile à Baculites et la craie de Palazu, qui représente la zone à *Belemnitella mucronata*.

En dehors de ces localités, on ne rencontre nulle part d'affleurements de craie blanche sénonienne.

Avant de quitter l'étude du Crétacé supérieur, il convient de signaler ici la présence de certains affleurements gréseux bien développés dans la région de Danachioi, où il y a des carrières pour l'exploitation du grès crétacé ; dans la région de Bekter et Kioseler, on peut distinguer en dessous du Sarmatien (qui forme la couverture du plateau de cette région et qui s'étend à l'est pour s'enfoncer à son tour sous le Loess et ne réapparaître que dans les environs de Mangalia) une succession de couches sensiblement horizontales formées d'un grès verdâtre, très tendre, dans lequel je n'ai pas rencontré de fossiles.

Toutes ces assises, dont on ne voit pas le contact avec les formations plus anciennes, me semblent devoir être rattachées au Crétacé supérieur, notamment au Turonien, seul étage qui présente dans la région avoisinante un faciès pétrographique semblable.

Résumé et Conclusions. — Le système Crétacé occupe une vaste surface dans la Dobrogea et il est représenté par ses deux séries. La série inférieure est composée de formations marno-calcaires et argilo-sableuses, qui se rapportent aux étages suivants: Néocomien, Barrémien (Urgonien), Aptien et peut-être à l'Albien.

Néocomien. — Le Néocomien, qui se montre le long du Danube, occupe la partie occidentale de la Dobrogea. Il est représenté par des couches marno-calcaires, qui forment une partie des falaises comprises entre les villages de Seimeniet et de Rassova. Il est caractérisé par la faune suivante:

Harpagodes n. sp. (aff. *H. Ribeiroi* Choffat)

Natica cf. *similimus* Choffat

Nerinea cf. *Fleuriausa* d'Orb.

Cylindrites cf. *disjuncta* de Lor.

Cerithium Aubersonense P. et C.

Gastrochœna cf. *astrœarum* P. et C.

Trigonia ornata d'Orb.

    — *rudis* Park.

Pholadomia elongata Münst.

Janira cf. *Valangiensis* de Lor.

    — n. sp. (aff. *J. quadricostata* d'Orb.)

Ostrea Couloni d'Orb.

    — *Leymeriei* Desh.

    — *tuberculifera* (Koch et Dunkr.) Coq.

    — n. sp. (aff. *O. Leymerii* Desh)

Rhynchonella depressa Quenst.

    — cf. *Valangiensis* de Lor.

Terebratula Valdensis de Lor.

    — cf. *sella* Sow.

    — *prælonga* d'Orb.

Acrosalenia patella Desor

Salenia cf. *foliumquerci* Desor

Pseudodiadema cf. *Grassi* Desor.

Requienia gryphoides Math.

    —   *eurystoma* P. et C.

Montlivaultia sp.

Thamnastræa sp.

Astrocœnia sp.

Stylina sp.

Calamophyllia sp.

BARRÉMIEN (Urgonien). — Je rapporte à l'Urgonien, malgré l'absence complète d'Ammonites, tous les bancs calcaires remplis de Rudistes qui sont superposés aux calcaires néocomiens. Cette division est caractérisée surtout par l'extrême abondance de Rudistes, notamment :

Monopleura cf. *pinguiscula* White

Gyropleura sp.

Requienia gryphoides Math.

Requienia n. sp.

Avec les Rudistes, on trouve également la plupart des fossiles qui abondent dans le banc inférieur que j'ai rapporté au Néocomien, notamment des Nérinées de grande taille, *Nerinea* cf. *Renauxiana* d'Orb.

Je tiens à faire remarquer encore une fois que les deux divisions que j'ai établies dans l'ensemble des couches de Cernavoda sont basées uniquement sur la prépondérance relative de certaines formes dans les différentes couches étudiées.

L'assimilation des Calcaires à Rudistes ne sera définitive que lorsque j'aurai trouvé des espèces franchement caractéristiques du Barrémien. La plus grande partie des formes que j'ai étudiées appartiennent à des espèces nouvelles de *Requienia* et de *Gyropleura*.

Les couches à *Requienia gryphoides* et *R. ammonia* des autres régions européennes, notamment celles des Pyrénées et de la Péninsule ibérique, sont habituellement placées à la partie tout à fait terminale du Crétacé inférieur, à la limite du Barrémien et de l'Aptien.

La raison qui me paraît la plus péremptoire est la superposition, à Hinog, des couches à *Ostr. aquila* et *Ostr. macroptera*, que l'on considère généralement comme des formes carastéristiques de l'Aptien, sur les assises à *Requienia gryphoides*.

Aptien. — L'Aptien est formé de couches marno-argileuses à la base, en discordance sur les couches de Cernavoda, qui supportent des sables avec bancs de grès. L'Aptien est caractérisé par les fossiles suivants, que j'ai recueillis à Hinogu et à Mircea-voda :

Ostrea aquila d'Orb.
— *prælonga* Sharpe
— *macroptera* Sow.
— *arduennensis* d'Orb.
— cf. *canaliculata* Sow.
Nautilus cf. *Bouchardianus* d'Orb.
Belemnites semicanaliculatus Blainv.
— *minimus* List.
Plicatula radiola Lam.
Dentalium sp.
Ophiura sp.
Epiaster polygonus Ag.

CRÉTACÉ SUPÉRIEUR. — Cette série est formée de couches marno-gréseuses, calcaires ou crayeuses, qui peuvent se rapporter au Cénomanien, au Turonien et au Sénonien.

CÉNOMANIEN. — Les affleurements de Alahbair, Caugagia, Babadag, Jurilofca ont été rapportés par Peters au Pläner (Crétacé supérieur) sans indiquer l'étage. Spratt (1) les avait placés également dans le « Chalk Marl ». Je rappellerai que ni leur position stratigraphique ni leur faune ne permettent de les considérer d'une façon certaine comme appartenant nettement au Cénomanien ; les fossiles que l'on trouve dans ces couches :

Ostrea (Exogyra) columba Lam.

Nautilus cf. *elegans* Sow.

Inoceramus sp.

se retrouvent encore dans le Turonien.

TURONIEN. — Il existe dans la Dobrogea quelques affleurements turoniens formés de couches calcaro-gréseuses, faiblement glauconieuses.

Les principales localités d'affleurements turoniens sont : Pestera, Amzulia, Facria, Medgidie, etc. ; l'affleurement de la vallée de Pestera est important par sa faune ; j'y ai recueilli la faune suivante :

Rhynchonella Cuvieri d'Orb.

Inoceramus cf. *labiatus* Schloth.

Echinoconus subrotundus Ag.

---

(1) SPRATT (CAP.). On the geology of the north eastern Part of the Dobrudscha. *Quart, Journ. of the Geol. Soc.*, XIV, p. 203-292.

Hemiaster Leymeriei Desor
Cardiaster sp.

Cette liste intéressante montre que l'on peut sans hésitation considérer ces couches comme appartenant au Turonien. J'ai rapporté au même étage, en me basant sur des considérations d'ordre stratigraphique et pétrographique, les affleurements gréseux de la région de Danachoi et Bekter-Kioseler.

Sénonien. — Le Sénonien comprend toutes les couches qui forment le Crétacé terminal de la Dobrogea orientale ; il constitue le plateau caractéristique de la région de Marfatlar et ses environs, plateau qui s'étend au nord jusqu'aux bords du lac Sut-ghiol, à côté du village de Palazu. Dans cette localité, le Sénonien est représenté par des argiles jaunâtres plus ou moins crayeuses renfermant des *Baculites* (Palazu) et supportant les couches de la craie blanche à silex blonds (Palazu) ou noirs (Murfatlar). Les rognons de silex qui se trouvent dans la craie de Omurcea présentent le même phénomène d'altération que celui qui a été étudié par M. Munier-Chalmas dans le bassin de Paris et notamment à Sézanne. Les silex pyromaques sont, comme on le sait, constitués par des zones concentriques formées de silice soluble (opale) et anhydre (quartz) intimement mélangées. Par suite des actions chimiques exercées par les eaux de circulation, dans certains points la silice soluble a été complètement dissoute, il reste un squelette siliceux très léger formé de silice anhydre blanche et très tendre ou pulvérulente, montrant très nettement la structure des zones concentriques.

Le Sénonien de la Dobrogea appartient aux deux subdivisions de l'Aturien.

A. — Aturien inférieur, représenté par la craie de Murfatlar, avec

Rhynchonella limbata Schloth.

    —   *plicatilis* Sow.

Offaster pilula Ag.,

ce qui n'est autre que la faune boréale caractéristique de la zone à *Bel. quadrata* du bassin de Paris.

B. — Aturien supérieur, représenté par l'argile et la craie de Palazu, renfermant des :

Baculites sp.

Ostrea vesicularis Lam.

Belemnitella mucronata Schloth.,

fossiles caractéristiques de la zone à *Bel. mucronata* du bassin de Paris (faune boréale).

J'ai ainsi pu constater que le terrain crétacé de la Dobrogea est presque complet ; et qu'en outre, en se reportant à ce que j'ai déjà dit des caractères, des divisions et de la distribution de différents étages crétacés de la Dobrogea, on peut voir qu'il y avait dans cette région à l'époque du Crétacé inférieur un grand développement de Rudistes et de Polypiers, qui indiquent un faciès méditerranéen ; en outre il y a absence de Céphalopodes, tandis que dans les Carpathes, sur le versant roumain, les Céphalopodes barrémiens prennent un grand développement.

Le même faciès crétacé que j'ai observé dans la Dobrogea se retrouve en Serbie et en Bulgarie, où il est représenté par les calcaires à Requiénies des Balkans (1).

A la fin du Crétacé supérieur, la Dobrogea était couverte, au moins dans la partie orientale, par une mer où vivait une faune boréale, *identique* à celle de la région septentrionale de l'Europe. Cette mer s'étendait à l'est jusqu'au pied de l'Oural et au nord jusque dans la Scanie ; au sud elle venait recouvrir le Balkan oriental, où elle déposait la craie blanche de Sumla, et les côtes septentrionales de l'Asie mineure ; à l'ouest elle venait, après avoir contourné les Alpes, déposer la craie du Bassin de Paris.

---

(1) Toula (Fr.). Reisen und geologische Untersuchungen in Bulgarien, 1890. *Verein. nat. Kenntn*, XXX Bd. p. 437.

Tableau nº 4. — Indiquant le parallélisme des couches crétacées de la Dobrogea.

ÉTAGES	BALKANS			DOBROGEA	CARPATHES ROUMAINES
	BALKAN OCCIDENTAL	BALKAN CENTRAL	BALKAN ORIENTAL		
Sénonien.	Craie à *Ananchytes.*	Sénonien.	Sénonien à *Ostr. resicularis.*	Craie de Palazu à *Bel. mucronata.* Craie de Murfatlar à *Offaster pilula.*	Couches à *Hippurites* de Brezoia (R. Valcia). Couches à *Bel. mucronata.*
Turonien.	Craie à *Inocérames.*	Turonien. Craie à *Inocérames* et *Galerites.*	Craie à *Inocérames* et éléments éruptifs (Aïtos).	Calcaire et grès de Pestera à : *Rhynchonella Cuvieri. Echinoconus subrotundus. Inoceramus labiatus.*	Grès et marnes à *Inocérames* (Suceava).
Cénomanien.	Grès Carpathique.	Schistes marneux. Grès Carpathique.	Grès Carpathique et Cénomanien de Madra.	Marnes et calcaires de Babadag, Caugagia à *Ostr. columba.*	Grès et marnes à *Exogyra columba* (Suceava). Grès et conglomérats Bucegi.
Albien.	Schistes à *Orbitolines.*	Grès calcaire de Sistov. Schistes à *Orbitolines.*	Schistes à *Orbitolines* de Kotel.	Sables et grès à : *Bel. semicanaliculatus.* Mircea vodà *Ostr. aquila.* Hinog. — *macroptera.*	
Aptien.					
Barrémien.	Calcaires à *Caprotines.* Marnes à Bryozoaires.	Calcaires à *Caprotines.*	Schistes barrémiens de Rasgrad.	Calcaires de Cernavoda à *Rudistes.*	Barrémien du bassin do Damboviciora.
Néocomien.	Néocomien de Kutlovica.	Schistes hauteriviens de Jablanica.	Schistes hauteriviens de Escki Dzuma.	Calcaires et marnes de Cernovada à *Harpagodes* et Echinides.	Néocomien de Suceava.

IV. — HISTOIRE DES MERS SECONDAIRES

CONCLUSIONS

A la fin de l'ère primaire, la Dobrogea (du moins sa partie septentrionale) formait un plateau constitué par des sédiments archéens et paléozoïques fortement redressés et arasés. *La mer triasique Alpine* est venue prendre possession de la partie orientale de ce plateau, pour y déposer les premiers sédiments secondaires de la région et particulièrement ceux de Başchioi et de Hagighiol ; ces dépôts, tout en présentant le faciès alpin, sont différents de ceux de Hallstatt, par le grand développement du Ladinien riche en Céphalopodes, étage qui fait entièrement défaut dans le Salzkammergut ; je rappellerai que c'est surtout dans les étages Carnien et Juvavien que se rencontrent les faunes célèbres de Hallstatt, si riches en Céphalopodes. Ces faunes, à l'exception toutefois de celle du Carnien inférieur, sont entièrement inconnues dans la Dobrogea, où le Trias supérieur est représenté par d'importantes formations argilo-calcaires et gréseuses. Les analogues de ces dépôts doivent être cherchés dans la Silésie, la Pologne et peut-être en Russie, où d'ailleurs l'érosion les a presque complètement fait disparaître. La mer qui recouvrait ces dernières régions s'étendait jusque sur la Dobrogea et déposait des sédiments de même nature: de là leur grande affinité pétrographique.

A l'époque du Jurassique inférieur, ce pays était exondé, car nulle part je n'ai pu découvrir de sédiments de cet âge.

Pendant le Jurassique moyen il y a eu immersion partielle du plateau dobrogien, car des sédiments bajociens et Bathoniens se sont déposés à Enisala à l'est et à Carjelar à l'ouest.

A l'époque du Jurassique supérieur il s'est produit, comme dans la plus grande partie de l'Europe, une grande transgression: les sédiments calloviens, oxfordiens, rauraciens et séquaniens sont restés horizontaux, ce qui indique que cette région, à partir de cette date, n'a subi aucun mouvement orogénique important. Plus tard il n'y a eu en réalité que de simples oscillations amenant la transgression du Crétacé supérieur et plus tard encore, pendant la période tertiaire, celle du Sarmatien.

Je rappellerai encore que, tandis que les sédiments du terrain Crétacé inférieur se sont déposés dans une mer à caractère méditerranéen, ceux de la fin du Crétacé supérieur doivent être attribués à une mer continentale, qui communiquait avec la mer boréale qui couvrait la partie septentrionale de l'Europe.

Il y a là un fait intéressant à mettre en évidence; en effet on constate une sorte de répétition à l'époque crétacée de ce qui s'était passé dans la même région, pendant le Trias, dont la partie inférieure présente un caractère méditerranéen et la partie supérieure au contraire des caractères plutôt septentrionaux qu'alpins.

Si l'on compare entre eux, à partir du Jurassique moyen, les dépôts secondaires de la Dobrogea et des Carpathes Roumaines, on constate que les étages représentés dans la Dobrogea manquent dans les Carpathes et inversement pour ceux qui existent dans les Carpathes. Ainsi, dans la Dobrogea, le Rauracien et le Séquanien sont très développés, tandis que ces étages manquent totalement dans les Carpathes. Le fait inverse se produit pour le Portlandien, qui a laissé d'importants dépôts dans les Carpathes et qui manque totalement dans la Dobrogea. Il est donc probable qu'il y a eu comme une sorte de compensation entre les mouvements de ces deux régions, compensation analogue à celle qui, dans d'autres parties du globe, ont été signalées entre les régions plissées d'une part et les grands plateaux avoisinants (1).

Il semble donc qu'il y ait un lien étroit entre les Carpathes et la Dobrogea; cette relation paraît d'ailleurs évidente au premier abord, et si l'on jette les yeux sur une carte géologique de la région sud-est de l'Europe, c'est-à-dire de la région qui comprend les Carpathes,

---

(1) Grossouvre (A. de). Sur les relations entre les transgressions marines et les mouvements du sol. *Comptes rendus de l'Académie des Sciences*, séance du 5 février 1894.

Haug (E.) Portlandien, Tithonique et Volgien. *B. S. G. F.*, 3ᵉ série, t. XXVI, p. 227.

les Balkans et le Caucase, on voit sur l'emplacement de la Dobrogea un petit massif cristallin englobé dans les sédiments *paléozoïques* et secondaires. Cette région présente une structure particulière, surtout en ce qui concerne les sédiments primaires et triasiques. En effet, la succession des roches rappelle celle des Alpes, mais si l'on examine l'orientation des gneiss et la direction générale des schistes verts et des couches triasiques, on constate plus de rapports avec le Caucase, comme l'avait déjà dit Suess (1) « Les monts de Măcin représentent « un fragment d'une chaîne plissée, plus vaste, orien- « tée dans le sens du Caucase ou même se relevant « davantage vers le nord, mais où la succession des « terrains est alpine, et qui dans l'ensemble était déjà « formée avant le Jurassique supérieur. »

En effet, à partir du Jurassique moyen, bien que les mouvements qui ont eu lieu dans la Dobrogea soient en relation avec ceux des Carpathes, la Dobrogea s'éloigne tout à fait des Carpathes au point de vue tectonique : l'une forme un plateau qui ne subit plus que des mouvements secondaires et sans effets appréciables sur l'orographie générale du pays ; l'autre subit en outre des phénomènes de plissement, dont les derniers, récents, ont déterminé son relief actuel.

Le Plateau Dobrogien doit se raccorder avec le Pays Prébalkanique en passant par dessous les plaines uniformes de la Bulgarie orientale, recouvertes de loess. Il

______

(1) Suess. La face de la terre. Trad. franç., p. 633.

présente en effet avec la Région Prébalkanique les plus grandes analogies au point de vue tectonique ainsi qu'au point de vue des différents faciès paléontologiques, notamment du Crétacé.

Le Pays Prébalkanique a été exempt de dislocations pendant l'époque secondaire, de sorte que le Crétacé y apparaît en couches horizontales formant le plateau couronné par le Sarmatien, plateau qui vient s'adosser à la zone plissée des Balkans.

Quant à la distribution des différents faciès, on remarque, comme dans la Dobrogea, tantôt le faciès des Alpes (Néocomien et Urgo-Aptien), tantôt le faciès du nord de l'Allemagne (Crétacé supérieur).

La similitude se poursuit encore pendant le Tertiaire, car l'Eocène et le Miocène (Sarmatien) y sont identiques avec ceux de la Dobrogea.

La présence de ces ressemblances me paraît suffisante pour considérer le Plateau Dobrogien comme étant en relation directe, à partir du Jurassique supérieur, avec le Pays Prébalkanique.

TABLE DES MATIÈRES

CHARTRES. — IMPRIMERIE DURAND, RUE FULBERT.

RUSSIE
GALATI
BRAILA
Măcin
Isaccea
Nicolitel
Frecaţei
Cataloi
Tulcea
B. Kilia
B. Sulina
Ilocova
Satul Nou
Mahmudia
St. Georghe
Hagighiol
Sarichioi
Agemler
Orta
Cuiugiuc
Saraiurt
Babadag
Enisala
Zebil
Tchamandan
Ostrov
Topola
Daeni
Kaliakra
CARTE GÉOLOGIQUE
de la
DOBROGEA
par
Victor ANASTASIU
dressée d'après ses recherches
et celles de K.F. PETERS et Gr. STEFĂNESCU
Echelle de 1: 800.000

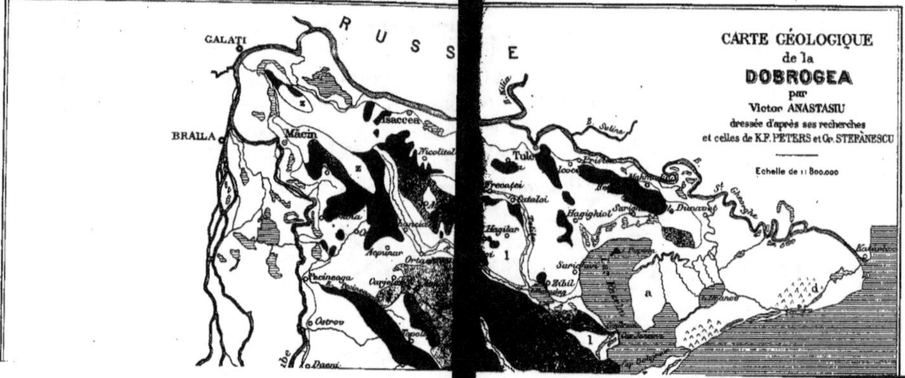

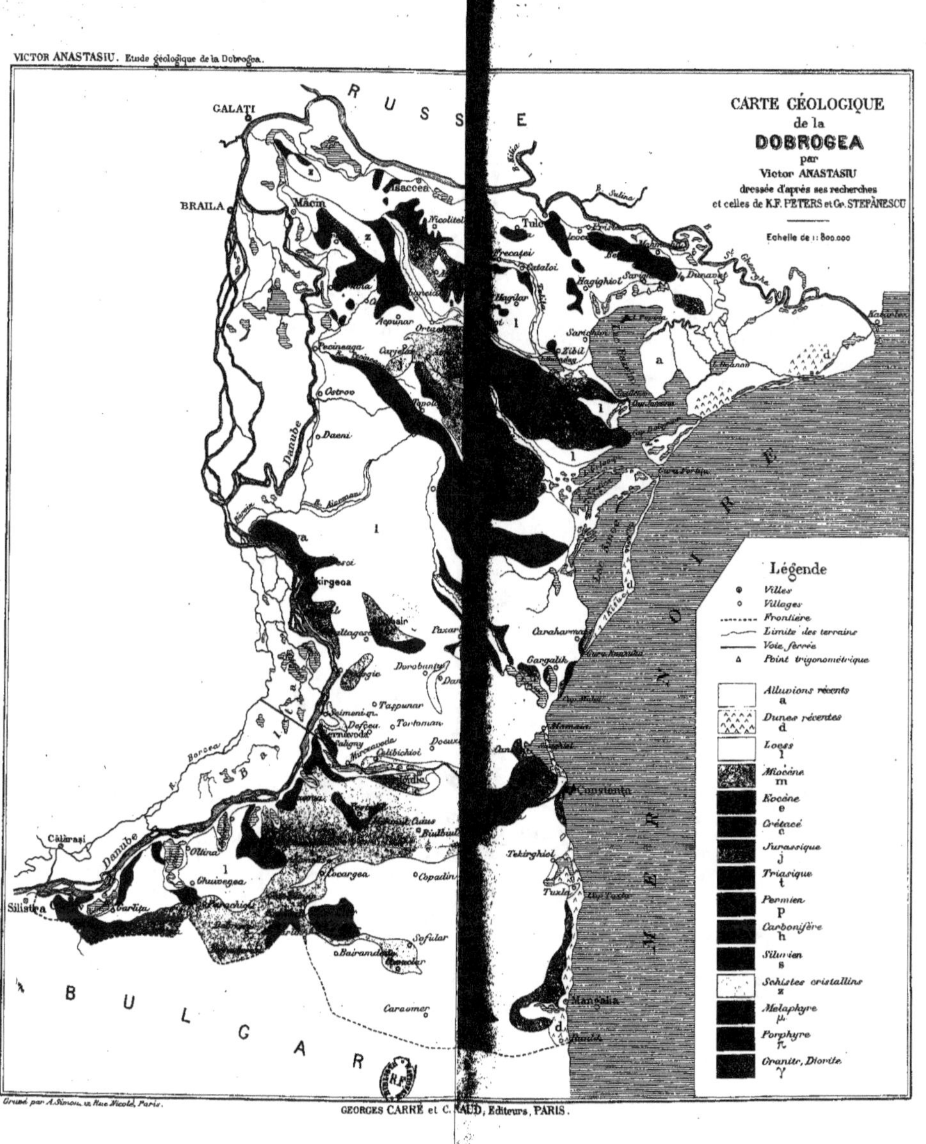

CARTE GÉOLOGIQUE
de la
DOBROGEA
par
Victor ANASTASIU
dressée d'après ses recherches
et celles de K.F. PETERS et Gr. STEFĂNESCU
Echelle de 1: 800.000
RUSSE
GALATI
BRAILA
Măcin
Isaccea
Nicolitel
Tulcea
MER NOIRE
BULGARIA
Călărași
Danube
Silistra
Constanta
Mangalia
Légende
Villes
Villages
Frontière
Limite des terrains
Voie ferrée
Point trigonométrique
Alluvions récents
a
Dunes récentes
d
Loess
l
Miocène
m
Eocène
e
Crétacé
c
Jurassique
J
Triasique
t
Permien
P
Carbonifère
h
Silurien
s
Schistes cristallins
z
Melaphyre
μ
Porphyre
π
Granite, Diorite
γ